KKB

Der Name Charles Darwin ist im öffentlichen Bewußtsein untrennbar mit der Theorie vom Überlebenskampf der Arten verbunden. Wenig bekannt hingegen ist, von welchen Skrupeln die Ausbildung dieses Prinzips begleitet war. Dies gilt auch für das allen bekannte Baummodell der Evolution, das die Vorstellungen von der Entwicklung der Arten beherrscht und allzugut in sozialdarwinistische Vorstellungen des neunzehnten Jahrhunderts paßt.

Horst Bredekamp zeigt in seinem Buch, daß Darwin dieses Baummodell nur als eine von mehreren Möglichkeiten erachtete, den Evolutionsprozeß bildlich darzustellen. Zu den Alternativen gehörte die Koralle als Symbol der gesamten Naturentwicklung.

Bredekamp rekonstruiert in seinem Buch nicht nur die Bedeutungsgeschichte der Koralle, sondern er zeigt auch, wie Darwin dieses traditionelle Symbol in seine Überlegungen eingeflochten hat: als Modell einer Evolution, die anarchisch in alle Richtungen wächst und nicht – wie beim Baummodell – den Menschen als Krönung am Ende der Entwicklung sieht.

Horst Bredekamp

Darwins Korallen

Die frühen Evolutionsdiagramme und die Tradition der Naturgeschichte

Verlag Klaus Wagenbach Berlin

Darwins Korallen erschien 2005 als Band 73 in der Reihe
KLEINE KULTURWISSENSCHAFTLICHE BIBLIOTHEK

2. Auflage im Februar 2006

Umschlaggestaltung: Julie August unter Verwendung eines Ausschnittes aus einer Überlagerung der *Amphiroa Orbignyana* mit dem rechten Arm des Evolutionsdiagramms © Birgit Schneider. Gesetzt aus der Walbaum von der Offizin Götz Gorissen, Berlin. Reproduktionen: MEDIENPROFIS, Leipzig. Einband- und Vorsatzpapier von Herzog, Beimerstetten. Gedruckt auf chlor- und säurefreiem Papier und gebunden bei Kösel, Altusried-Krugzell.

ISBN 10: 3 8031 5173 2 ISBN 13: 978 3 8031 5173 5

VORWORT

Fünf Faden tief liegt dein Vater, Kind
Sein Gebein ist nun Korall'n
Perlen seine Augen sind:
Nichts an ihm mehr muß zerfall'n
Nur verwandelt hat's die Flut:
Seltsam ist es nun und gut.
(Shakespeare, *Der Sturm*, I, 2; Ü: Erich Fried)

Es gibt Momente, die unverhofft ganze Gedankenkonstrukte verwandeln. Ein solcher Augenblick ereignete sich, als ein Teilnehmer eines Seminares über naturwissenschaftliche Illustrationen im Wintersemester 2001/2002 eher beiläufig erwähnte, daß zu Charles Darwins (1809–1882) frühen Evolutionsdiagrammen auch das Bild der Koralle gehört habe. Ich war elektrisiert. Meine Untersuchung *Antikensehnsucht und Maschinenglauben* von 1993 hatte zu zeigen versucht, daß jene Kunstkammern des sechzehnten und siebzehnten Jahrhunderts, in denen Korallen ein besonders bevorzugtes Sammlungsobjekt gewesen waren, Vorahnungen einer evolutionären Entwicklung der Natur begünstigt hatten.[1] Wenn Darwin zur Visualisierung seiner Evolutionstheorie auf das Modell der Koralle gekommen war, dann hatte er im Gegenzug ein Kernstück der traditionellen Naturphilosophie gerettet. Als Scharfrichter der überkommenen Naturgeschichte war er zugleich ihr Vollender. Wie die Evolution bereits vor Darwin erahnt und vermutet worden war, so hatte er sich in die Tradition der Naturgeschichte gestellt. Diese Überlegung war der Ausgangspunkt der vorliegenden Untersuchung.[2]

Für zahlreiche Hinweise, Ratschläge und Korrekturen danke ich Carmen Alonso Schmitt, Mario A. Di Gregorio, Ulrike Feist, Stephen Greenblatt, Michael Hagner, Ursula Harter, Nadine Helm, Wolfram Hogrebe, Ulf Jensen, Rebekka Maiwald, Amy Meyers, Gerhard Neuweiler, Magdalena Popp-Grilli, Henning Ritter, Helmut Rohlfing, Martin Rudwick, Gerhardt Scholtz, Steffen Siegel, Esther Sturm, Reinhard Wendler und Rüdiger Wehner. Barbara Herrenkind danke ich für Fotografien und digitale Aufnahmen, den Bibliothekarinnen des Wissenschaftskollegs zu Berlin für Hilfen bei der teils komplizierten Buchbeschaffung. Ein besonderer Dank gilt Adam J. Perkins, dem Leiter der Charles Darwin Collections in Cambridge, Jennifer Bryant und Linda M. Irvine vom Natural History Museum in London sowie Carsten Lüter vom Museum für Naturkunde zu Berlin, die mir den Zugang zu ihren Archiven und Depots ermöglichten. Till Kreische danke ich besonders für das auslösende Stichwort.

Vor allem aber bin ich Julia Voss zu Dank verpflichtet. Während ich mich in Darwins Ikonologie der Koralle vertiefte, hat sie ihr umfassendes Opus über den bildlichen Charakter von Darwins Denken und Darstellen vorangetrieben, das die erste kunst- und wissenschaftsgeschichtliche Gesamtanalyse von Darwins Bildwelten bieten wird.[3] Von ihren Hinweisen, Korrekturen und Anregungen habe ich in besonderer Weise profitiert.

Zu danken ist schließlich dem Verlag Klaus Wagenbach für die inspirierte Betreuung des Bandes.

*

Auch dieses Buch wurde auf dem um 1300 geschaffenen Rehmstackerdeich von Eiderstedt geschrieben. Während ich meinen Versuch zu Thomas Hobbes den Erbauern dieses Deiches und meine Auseinandersetzung mit Gottfried Wilhelm Leibniz den partnerschaftlichen Schafen des hiesigen Ambientes gewidmet habe,[4] übereigne ich diesen Beitrag zu Charles Darwin jenen Algen des Wattenmeeres, die, obzwar der Kalkabsonderung nicht fähig, der Erscheinung der Hauptperson des folgenden Stückes, der *Amphiroa Orbignyana*, doch nahekommen.

Juli 2005

Unter den Exemplaren, die Darwin während seiner Weltreise auf der H. M. S. Beagle sammelte, befindet sich ein Organismus, dessen Elemente sich zu kleinen Ästen vergabeln (Abb.1 / Tafel I, S.81). Ihre Gestalt besticht durch den Schwung der widerstrebenden Bewegungen. Der nach links gehende Strang schickt zwei gegenläufige Bögen nach oben, während der stärkere, rechte Zweig nach weitem Außenschwung zur Mitte zurückkehrt, um eine sich gabelnde Verstrebung nach außen zu senden. Am unteren Ausgangspunkt wächst eine weitere Verzweigung waagerecht nach rechts, und im Zwickel der beiden Hauptstränge streben ein einzelner Zweig und ein zweifach sich gabelndes Geäst nach oben.

Neben der Eleganz dieses Naturgebildes wird der Blick auch durch die auratischen Spuren der Sammlungsgeschichte angezogen. Das matt braune Archivpapier hebt das rötliche Exemplar hervor. Links unten ist in der oberen Zeile mit »Port Desire Patagonia« der Ort vermerkt, an dem es aufgelesen wurde. Die untere Zeile »1770. C. Darwin.« verweist mit der Registernummer auf den Sammler, der dieses Stück im Januar 1834 am Strand bei Puerto Deseado in der argentinischen Provinz Santa Cruz gefunden hat.[5]

Rechts unten ist die nach dem französischen Naturforscher Alcide d'Orbigny (1802–1857) gewählte Bezeichnung »Amphiroa Orbignyana«

Abb. 1 / Taf. I, S. 81: Amphiroa Orbignyana (= Bossea Orbignyana), London, The Natural History Museum, Darwin 1770

mitsamt dem Kürzel des Taxonomen Joseph Decaisne (1807–1882) »Dne« eingetragen. Die Schrift stammt vom irischen Botaniker William Henry Harvey (1811–1866), der Darwin nahestand, ohne dessen Theorie der Evolution zu teilen.[6] Als Kurator des Herbarium am Trinity College in Dublin hat er die von Darwin gesammelten *Corallinae* bearbeitet und publiziert, nachdem dieser seine Sammlungsstücke samt einiger Notizen dem College vermacht hatte.[7]

Der Stempel »Herbarium Hookerianum« von 1867 bezieht sich schließlich auf die Abgabe von Duplikaten einzelner Exemplare an die Sammlungen der königlichen Gärten in Kew. Diese wurden durch den Botaniker Joseph Dalton Hooker (1817–1911) betreut, einem der besten Freunde Darwins, der im Jahre 1865 zum Direktor von Kew Gardens ernannt worden war.[8] Von Kew wurden sie in den sechziger Jahren des zwanzigsten Jahrhunderts als Dauerleihgabe an das Londoner Natural History Museum gegeben.[9]

Bei der *Amphiroa Orbignyana* handelt es sich nach heutiger Nomenklatur um eine Alge namens *Bossea Orbignyana*, die wie die Korallen durch ihre Kalkabsonderungen versteinert. Ihre Zuordnung schwankte lange Zeit zwischen Koralle und Alge.[10] Mitte des achtzehnten Jahrhunderts war sie mit den *Corallinae* zum Tierreich geschlagen worden, weil an deren Arten Polypen gefunden worden waren. Um 1840 wurde diese Bestimmung jedoch wieder zurückgenommen.[11] Darwin selbst war sich in der Zuordnung der *Corallinae* insgesamt nicht sicher, aber jene *Amphiroa Orbignyana*, der Decaisne den Namen als Alge gab,[12] hat er zu den kleinformatigen Korallen gezählt.[13] Sie wird im Folgenden daher als jene korallene Art bezeichnet, die Darwin in ihr sah. In dieser zeitgenössischen Bestimmung erschließt sich ihre kulturgeschichtliche Bedeutung.

Die Erscheinung des Exemplares bewirkt mitsamt den Spuren seiner Sammlungsgeschichte jene fast magnetische Attraktion, die noch jedes Objekt der naturkundlichen Museen beseelt, bei dem sich Notizen der Sammlungsgeschichte erhalten haben. Sowie sie gesammelt sind, werden Objekte der Natur zu dem, wozu sich in Shakespeares *Tempest* die Wasserleiche gleichnishaft verwandelt: zu einer erstarrten, fremden Kostbarkeit.[14] Wer in den Depots forscht, entwickelt dieselben Empfindungen, die seit Jahrhunderten in den Sammlungen der Reliquien, dem Ensemble von Kunst- und Naturobjekten von Kunstkammern und heute auf ähnliche Weise etwa in Kupferstichkabinetten erzeugt wurden und werden.

Diese Anziehungskraft widerspricht allen Theorien, die in der Aura derartiger Gebilde nur das fragwürdige Produkt willkürlicher Projektionen erkennen. Dies gilt bereits in bezug auf »Dinge«, die unabhängig vom Menschen für sich stehen und gerade in diesem selbstbezogenen

Status über ihre pure Existenz hinaus von Bedeutung sind.[15] Umso mehr trifft dies auf menschlich angetastete »Objekte« zu, die im Sinne des lateinischen *obicere* dem Subjekt gegenüberstehen, um zum Produkt eines menschlichen »Entgegenwerfens«, also einer wirksamen Projektion oder gar eines Eingriffes zu werden.[16] Bereits einfache Ritzungen machen, wie Leon Battista Alberti (1404–1472) es formulierte, aus komplexen Naturformen semantisch besetzte Kunstwerke.[17] Sobald die Naturdinge vom Menschen erfaßt werden, bewegen sie sich grenzüberschreitend in der Trennzone zwischen Naturgebilde und Kunstwerk.

Im Fall der *Amphiroa Orbignyana* besteht der Eingriff darin, daß Darwin diesen Organismus gesehen, ausgesucht, abgebrochen und mitgenommen hat, um ihn nach London verfrachten zu lassen, von wo er die Stationen seiner Aufbewahrung durchlief. Mit der Abfolge des Sammelns, Eingliederns, Kodifizierens und Schützens ist eine eigene Aura entstanden, die mit jedem Bearbeitungsschritt tiefer in jene Sphäre vordringt, die von Kunstwerken eingenommen wird. Darwin wird zeigen, daß hierin kein Zufall liegt. Er bietet die paradigmatische Gelegenheit, jenen gestaltpsychologischen Überschuß bestimmen zu können, der den Dingen zuwächst, sowie sie ihrem Kontext entnommen sind. Man wird, dies ist die These des vorliegenden Versuches, Darwins Antriebskräfte kaum ausloten können, wenn man ihn nicht auch als einen konstruktiven Ikonologen begreift.

Um diese These zu überprüfen, waren Untersuchungen der Handzeichnungen Darwins vonnöten, die teils nur mit dem Einsatz der Lupe möglich gewesen sind. Angesichts der künstlerisch nicht eben berükkenden Qualität von Darwins Skizzen mag dies auf den ersten Blick überraschen. Das Folgende geht jedoch von der Beobachtung aus, daß sich der Wert der naturwissenschaftlichen Visualisierung oftmals weniger nach der handwerklichen Könnerschaft als vielmehr nach ihrer Fähigkeit bestimmt, den gedanklichen Prozeß zu forcieren.[18] Da sich die Motorik des Denkens in der Bewegung der zeichnenden Hand in der Regel früher und unmittelbarer zeigt als in der Sprache, gerät oftmals das scheinbar geringste Detail zum Wesensmerkmal. Von dieser kunsthistorischen Wertschätzung des Nebensächlichen und willentlich nicht Geprägten, die der modernen Psychoanalyse vorauslief und die in der Kriminalistik des neunzehnten Jahrhunderts ihre kraftvollste Parallele gefunden hat,[19] zehrt der folgende Essay. Er versteht sich als ein Votum, in bezug auf die geschichtliche Prägung der Naturobjekte jene morphologische Präzision aufzuwenden, die im neunzehnten Jahrhundert die Kunstgeschichte auch mit der Biologie verband.

II VOM BAUM ZUR KORALLE (1837)

1. Das Baummodell

Nach Rückkehr von seiner Weltreise hat Darwin seine frühesten Vorstellungen von der Evolution formuliert, als er seine Sammlungserträge im Londoner Natural History Museum zu ordnen suchte. Eine erste, im Sommer 1837 in das Notizbuch B eingetragene Überlegung markierte seine Absage an Jean-Baptiste Lamarcks (1744–1829) Lehre von der transformatorischen Entwicklung: »Veränderungen sind nicht das Resultat des Willens eines Tieres, sondern des Gesetzes der Anpassung.«[20] Lamarck war als Kustode des Muséum d'histoire naturelle von Paris zur Überzeugung gelangt, daß sich Arten im Zuge der Anpassung an eine sich verändernde Umwelt verwandeln. Den Konflikt mit der alttestamentlichen Schöpfungsgeschichte hatte er dadurch gelöst, daß er diesen Prozeß nicht als Evolution neuer Arten, sondern als gleichsam willentlichen Vorgang von Spezies bewertete, die sich im Rahmen des ihnen gegebenen Ortes in der Naturordnung transformierten. Lamarck hatte damit die Wandelfähigkeit der Arten begründet, ohne das Dogma der nach göttlichem Plan vollzogenen Schöpfung preisgeben zu müssen.[21]

Abb. 2: Die karolingischen Ahnen, Miniatur, in: Ekkehard von Aura, Chronica, Ende 12. Jahrhundert, Erlangen, Universitätsbibliothek, Ms. 406, Fol. 204ᵛ

Darwin hat die Lehre von der willentlichen Veränderung der Arten mehrfach als »absurd« bezeichnet.[22] Unmittelbar nach seinem ersten in dem Notizbuch eingetragenen Angriff hat er seinen Einspruch gegen Lamarcks These von der internen Entwicklung mit dem Bild eines weit auskragenden Baumes der Evolution verdeutlicht: »Geordnete Wesen repräsentieren einen Baum. *unregelmäßig mit Zweigen versehen* einige Zweige weitaus mehr ausladend. – Hieraus Gattungen –.«[23] Mit diesem Modell eines sich spreizenden Baumes hat Darwin begründet, daß sich die Makroevolution nicht durch parallele Entwicklungen innerhalb einzelner Stränge ereignet, sondern durch das Auseinanderstreben der Gattungen. Die Kritik an Lamarck hat ihn zur Bildformel des Baumes greifen lassen.

Mit dem »Baum des Lebens« hat Darwin jenes weit verbreitete Modellbild verwendet, das für alle Bereiche des Wissens, des Sozialen und des Biologischen genutzt worden war. Eine bis in frühmittelalterliche Darstellungen zurückgehende Tradition bezog sich auf die Wurzel Jesse und den christlichen Lebensbaum. Von hier aus diversifizierten sich verschiedene Verwendungen von Stammbäumen, wie sie seit dem Mittelalter in Gebrauch kamen (Abb. 2) und seit dem sechzehnten Jahrhundert als bildlicher Ausweis gesicherter Genealogien eingesetzt wurden.[24]

Wichtiger noch war das Baummodell des Neuplatonikers Porphyrios (233–304), das allen Bestandteilen und Begriffen der Natur den angemessenen Ort geben sollte.[25] Über den Wurzeln der Individualitäten, wie sie etwa der Holzschnitt einer im Jahre 1498 gedruckten Ausgabe von Thomas von Aquins (1224/25–1274) *Opuscula* zeigt (Abb. 3), wuchs der aufgehende Stamm von der Spezies *Mensch* über das *Tier*, das *Lebewesen* und den *Körper* bis zur *Substanz* der krönenden Gattung.[26] Mit der links oben vermerkten Gattung (*genus*) und der links unten plazierten Art (*species*) sind die End- und Ausgangspunkte der *Arbor porphyriae* bis heute maßgebliche Begriffe geblieben. Da die Stufen der Verallgemeinerung bei Porphyrios in einer geraden Linie aufstiegen, konnten sie auch als Leiter oder Kette angesprochen werden.[27] Indem zwischen den Stufen dieser *linea directa* aber seitlich abstehende Differenzierungen auftraten, bot sich auch der Eindruck eines Baumes an. Und weil diese Äste wechselseitig nach oben und nach unten wiesen, konnten die Wurzeln dieses Baumes je nach Lesart an beiden Seiten ansetzen; der Mensch war folglich sowohl als Ausgangspunkt einer Verallgemeinerung wie als Krone der Spezifizierung zu begreifen.

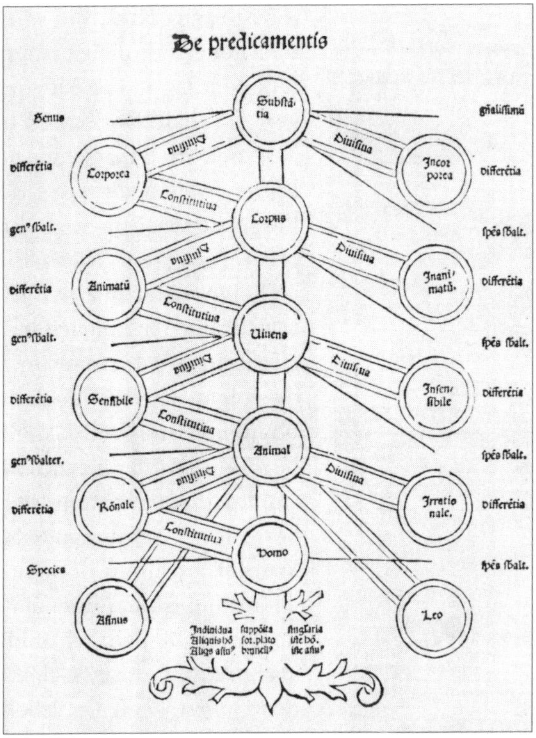

Abb. 3:
Baum des Porphyrios, Holzschnitt, 1498

Das Baummodell des Porphyrios erlaubte für lange Zeit, das Hauptproblem der Naturphilosophie zu überspielen. Es bestand in den offenbar ausgestorbenen oder neu entstandenen Spezies, die der ursprünglichen Erschaffung aller Arten widersprachen, wie sie im alttestamentlichen Schöpfungsmythos kanonisiert worden war. Die mittlere Linie des Stammes, der Leiter oder der Kette vermochte jedoch durch die Möglichkeit ihrer endlosen Binnendifferenzierung immer neu sich zeigende Arten aufzunehmen, zumal sie in Verbindung mit den seitlichen Zweigen des Baumes immer weitere Untergliederungen vornehmen konnte. Vor allem war es die Wiederentdeckung des dynamischen, zirkulären und kombinatorischen Baummodells des Raymundus Lullus

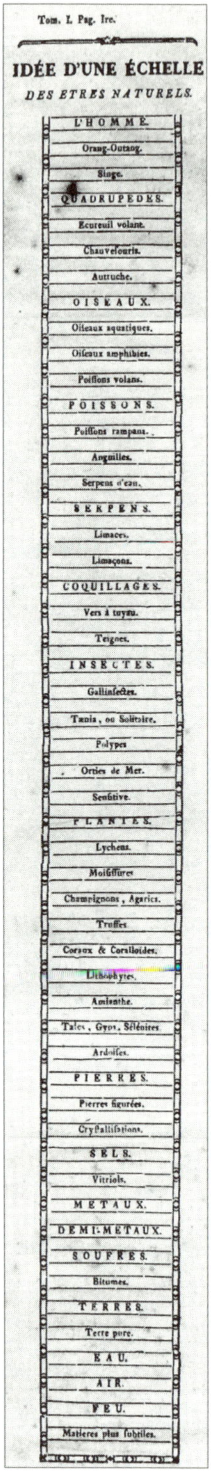

(circa 1235–1315), die seit dem sechzehnten Jahrhundert zu einer immer neuen Aktualisierung dieser Bildmetapher führte. Ihre Leistungsfähigkeit lag in der Möglichkeit, sowohl hierarchische Begriffsordnungen zu schaffen wie auch elastische Verzweigungsformen zuzulassen.[28]

Noch im Jahre 1764 hat Charles de Bonnet (1720–1793) die *Idée d'une échelles des êtres naturels* propagiert (Abb. 4), um sie mit der Frage zu verbinden: »Sollte sich die Leiter der Natur beim Höhersteigen verzweigen? Wären die Insekten und die Schalentiere zwei parallel laufende Seitenzweige dieses großen Stammes?«[29] Diese räumliche Verschichtung der Linearität von Baum, Leiter oder Kette gab dem deutschrussischen Naturforscher Peter Simon Pallas (1741–1811) im Jahre 1787 die folgenschwere Idee ein, die Organisation der Lebewesen in einem doppelstämmigen, das animalische wie das pflanzliche Reich verkörpernden Baum zu symbolisieren: »Unter allen übrigen bildlichen Vorstellungen des Systems der organischen Körper würde es aber wohl die beste seyn, wenn man an einen Baum gedächte, welcher gleich von der Wurzel an einen doppelten, aus den allereinfachsten Pflanzen und Thieren bestehenden, als einen thierischen und vegetabilischen, aber doch verschiedentlich aneinander kommenden Stamm hätte.«[30] Anders als Sprossen, die zwischen den beiden Leiterstangen vermittelten, würden Querstreben als Nebenäste nicht zu den Stämmen herüberwachsen, sondern lediglich zwischen ihnen abstehen: »Der aus der vorzüglicheren Reihe anverwandter und dicht aneinander stehender Geschlechter zusammengesetzte Stamm würde aber auch für diejenigen Geschlechter, welche mit jenen in der Seitenverwandtschaft stehen, sich aber doch nicht zwischen jenen einschalten ließen, hin und her gewisse kleine Nebenäste ausgetrieben haben.«[31]

Pallas mächtiges Baummodell erlaubte der Botanik und Zoologie, eigene Ordnungsmuster zu entwickeln, wie sie Johann Philipp Rüling (1741–1803) im selben Jahr mit einem von oben nach unten organisierten, durch Klammern sich differenzierenden Verzweigungsdiagramm vorgelegt hat.[32] Wiederum im selben Jahr präsentierte Antoine Nicolas Duchesne (1747–1827) den Stammbaum (*arbre généalogique*) einer einzigen Art, der Erdbeere.[33]

Pallas Metaphernbildung war ein höchst problematischer Schritt. Einerseits fügte er sein Naturmodell in die heilsgeschichtliche Metaphorik des Lebensbaumes ein, der in christlicher Vorstellung aus dem toten Holz des Kreuzes neues Leben erwachsen ließ,[34] andererseits aber geriet er in die Nähe der Wachstumssymbolik, die im Reich menschlicher Artefakte und menschlichen Wissenszuwachses erlaubt

Abb. 4:
Charles de Bonnet, Leiter der Naturordnung, Buchillustration, 1764

und gefordert, durch das Alte Testament aber verboten war. Gegenüber der zirkulären und kombinatorischen Verwendung des traditionellen Baumbildes lag die prekäre Modernität von Pallas Baummodell darin, daß er durch die Imagination von zwei Stämmen den Gedanken an Wachstum und Evolution suggerierte.

Erneut ergab sich ein Widerspruch zwischen dem Gedankenbild und dem Textraum des Erlaubten. Gegen den visuellen Eindruck suchte Pallas den Evolutionsgedanken zu verhindern, indem er den Baum als harmonisches Bild der Verwandtschaft, nicht aber der Entwicklung von Arten bestimmte. Da Leiter, Kette und Baum noch immer als Modelle harmonischer Beziehungen zwischen verwandtschaftlichen Arten, also eines *Zustandes* und nicht etwa einer *Entwicklung* bestimmt waren, bot das Bild mehr, als der sprachlich gefaßte Gedanke zuließ.

Lamarck, der Pallas ins Französische übersetzte, hat diese Schere als erster geschlossen und damit nicht nur eine konzise Theorie der Transformation der Arten entwickelt, sondern auch ein Diagramm vorgelegt, das die Idee der Stufenleiter mit dem Modell eines sich entwikkelnden Stammbaumes verband. In seiner *Philosophie zoologique* von 1809 hat er die Entwicklung der Arten in einem sich verzweigenden Diagramm visualisiert (Abb. 5). Indem sich das *Tableau* nicht von unten nach oben, sondern umgekehrt von oben nach unten entwickelt, tradierte es das Muster der *Arbor porphyriae*. Und da es am oberen Rand keinen Einzelpunkt zum Ausgang nimmt, sondern bipolar angelegt ist, entsprach es den zwei Stämmen von Pallas Naturmodell, um damit auch die Stufenleiter zu nutzen, wie sie von Bonnet visualisiert worden war (Abb. 4).

Abb. 5: Jean-Baptiste Lamarck, Transformationsdiagramm, 1809

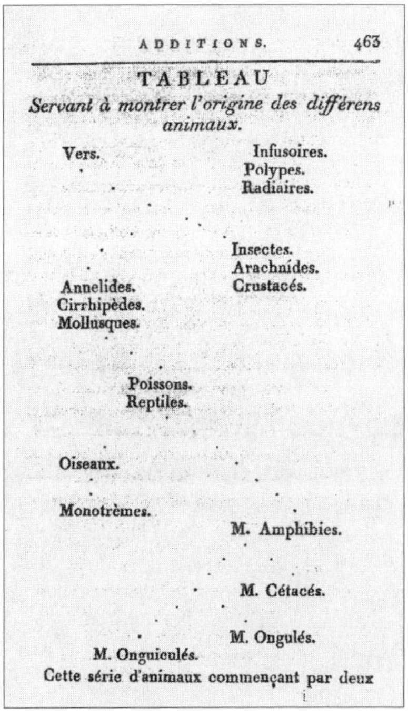
ADDITIONS. 463

TABLEAU
Servant à montrer l'origine des différens animaux.

Cette série d'animaux commençant par deux

Dieser, die Leiter mit dem Baum verbindende Ansatz ließ Lamarck zufolge erkennen, daß »die tierische Stufenleiter mindestens mit zwei besonderen Ästen beginnt und daß in ihrem Verlaufe einige Zweige an gewissen Stellen abzubrechen scheinen.«[35] Dieser Gegensatz von Wandlung und Stillstand sowie Abbruch zeigt sich bereits bei den links oben postierten Würmern *(Vers)* und der rechts versammelten Gruppe der Aufgußtierchen *(Infusoires)*, Polypen *(Polypes)* und Strahltierchen *(Radiaires)*. Während diese stabil bleiben und folglich keine Verzweigungen produzieren, schicken die Würmer eine sich vergabelnde Punktlinie zu den rechts zusammengefaßten Insekten, Spinnentieren und Krebsen und den links darunter plazierten Ringelwürmern, Rankenfüßern und Weichtieren. Von dieser Gruppe gehen drei Punkte zu den Fischen und Reptilien, die sich nach links in Vögel und Kloakentiere und nach rechts in Amphibien aufspalten. Diese verzweigen sich wiederum nach rechts in Walfische sowie nach links in die versetzte Gabel der Huf- und Klauentiere.

Lamarcks Zwitter aus der Leiter und den sich verzweigenden Ästen eines Baumes entsprach dem Kompromißcharakter seines Naturmodells. Die Arten entwickeln sich ihm zufolge nach dem ihnen eingegebenen Vollendungsdrang, übertreten aber nie die Grenzen ihrer Spezies.[36] Ihr Prinzip, Statik und Evolution zu verbinden, vermittelt das Diagramm als Zusammenspiel von Text und Bild.[37] Die leicht gegeneinander versetzten, grundsätzlich aber links und rechts der Mittellinie arrangierten Begriffe der Tiergattungen stützen das statische Modell der Leiter, wohingegen die von den *Vers* ausgehenden Punktlinien die Entwicklung betonen. Durch die Verbindung von Leitersprossen und Zweigen hat Lamarck seinen Transformismus in einem Vexierbild festgehalten, das je nach Blickart sowohl die Idee der festgefügten Natur wie auch die ihres evolutionären Wachstums zu bekräftigen vermochte.

Abb. 6: Charles Darwin, 1. und 2. Evolutionsdiagramm aus Notebook B, Federzeichnungen, 1837, Cambridge University Library, Dar. Ms. 121, Fol. 26

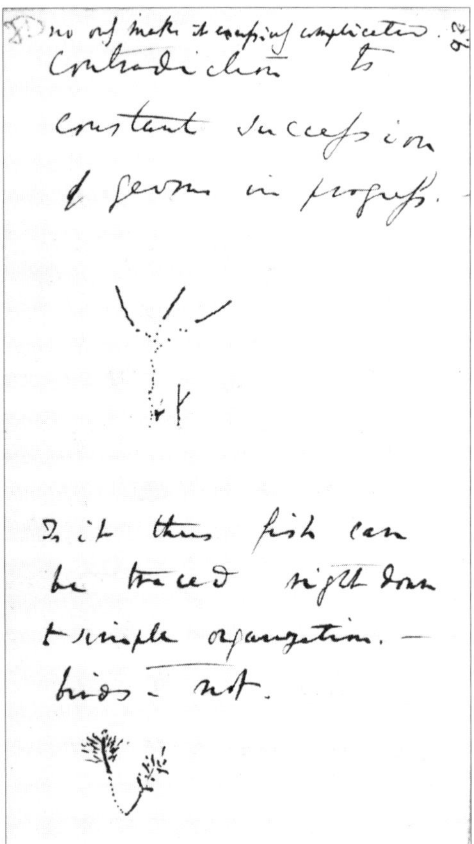

2. Die ersten Skizzen

Im Juli 1837 hat Darwin am Kompromißcharakter dieses Modells angesetzt. Die ersten, kurz nach der Erwähnung des Baummodells entworfenen Diagramme des Notizbuches B bezeugen, daß er sich von Lamarcks aus Punkten gebildeten Linien inspirieren ließ (Abb. 6). Sie wurden zum Muster jahrzehntelanger Überlegungen.

Die erste Skizze (Abb. 7) zeigt in ihrem unteren Element eine derartige Abfolge von Punkten, die sich nach oben hin auffächert, um in durchgezogene, nach außen strebende Linien überzugehen. Diese drei Stränge zeigen, wie sich die Arten nach der Aufteilung in je eines der Naturreiche des Wassers, der Erde und der Luft differenzieren.[38]

Die entscheidende Neuerung liegt in der Unterscheidung der Linien und der Punkte. Während die Linien die noch lebenden Arten der drei Naturreiche anzeigen, beziehen sich die Punkte des Stammes und der Äste allein auf ausgestorbene Arten. Indem die Punkte jene Entwicklung bezeugen, die aus den Fossi-

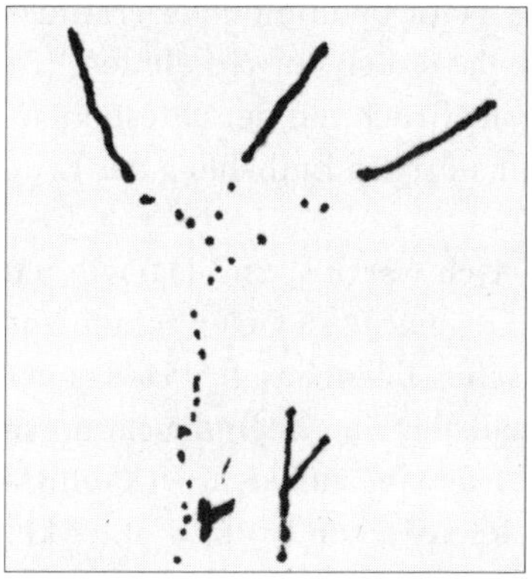

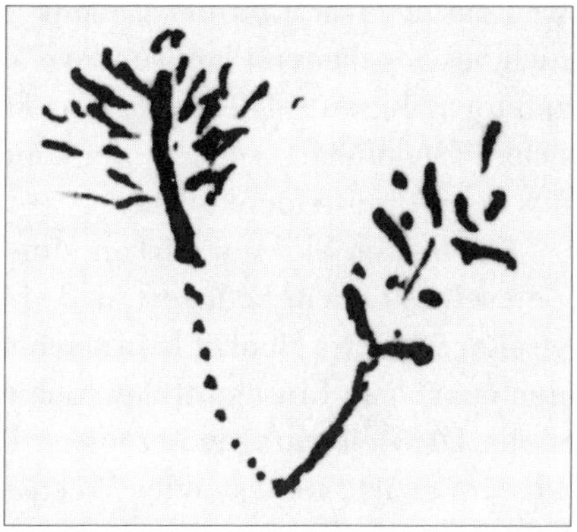

Abb.7 (links): Charles Darwin, 1. Evolutionsdiagramm, Ausschnitt aus Abb. 6

Abb. 8 (rechts): Charles Darwin, 2. Evolutionsdiagramm, Ausschnitt aus Abb. 6

lien ausgestorbener Spezies zu rekonstruieren ist, markieren sie das Totenreich der Natur: »Unter Berücksichtigung der Kürze des Lebens perfekt [ausgebildeter] Spezies ist der Grund[stamm] der Zweige tot.«[39] Mit dieser Differenzierung von Punkten und Linien hatte Darwin seinen epochalen Einspruch gegenüber Lamarck mit der Schlagkraft der beiden einfachsten Elemente der Geometrie versehen. Erstmals besaß die Evolution der Natur eine visuelle Form.

Rechts neben diesem Gebilde verzweigt sich eine Linie, die offenbar die Abstammung der Fische aus einfachen Organisationen zurückverfolgen lassen soll.[40] Auch bei ihr ist der untere, zentrale Stamm gepunktet, was anzeigt, daß hier die ausgestorbenen Arten repräsentiert sind. Die durchgezogenen Linien des dazwischen plazierten Dreizacks haben in ihrer winzigen Erscheinung keinen Kommentar erfahren; vermutlich handelt es sich hier um das Grundmuster der Gabelung einer Art, die exemplarisch im Bereich der noch lebenden Arten zu beobachten ist.[41] Darüber folgt schließlich ein Punkt, der in eine Linie übergeht, um eine Entwicklung anzudeuten, die sich in sich selbst entfaltet, als solle hier das Lamarcksche Modell als ein Sonderfall vermerkt werden.

Auch Darwins zweite Skizze, welche die gegenüber Fischen komplexere Abstammung der Vögel begreiflich zu machen sucht, spielt die Möglichkeiten von Punkt- und Strichlinien durch (Abb. 8).[42] Vom Ausgangspunkt strebt eine fossile Abstammungslinie gepunktet nach links oben, während nach rechts hin ein zittrig durchgezogener Strich einen Zweig noch lebender Arten anzeigt. Der Unterschied gegenüber Lamarcks Mischung aus Stufenleiter und Baum sticht auch in dieser Skizze hervor. Indem Darwin die Punktlinien einsetzt, um die nur in Fossilien überlieferten Arten zu repräsentieren, hatte die Verzeitlichung der Naturgeschichte eine Tiefendimension erreicht, die den Biologen in einen geologischen Zeitforscher verwandelte. Darwins Skizzen bergen eine kaum zu übertreibende wissenschafts- und kulturgeschichtliche Bedeutung, weil sie die Tradition der Lebens- und Naturbaummodelle erstmals nicht als gegebenen Plan, sondern als sich zeitlich entwickelnden Prozeß formulieren.[43] Dieser Vorgang kam als Bruch mit der alttestamentlichen Schöpfungsgeschichte der kopernikanischen Enthebung der Erde aus dem Allmittelpunkt nahe.

Die beiden Skizzen wirken künstlerisch wertlos, und Darwin hat Zeit seines Lebens bedauert, daß er im Gegensatz zu vielen seiner Mitstreiter wie etwa Hooker kein zeichnerisches Talent besaß.[44] Daß er seinen epochalen Einschnitt dennoch visualisiert hat, beeindruckt umso mehr. Die Zeichnungen bezeugen, daß Darwins vielleicht riskanteste Idee im gleichsam tastenden Wechselspiel zwischen Notizen und Skizzen entstand, die trotz ihrer ungekünstelten Gestalt eine bezwingende Evidenz besaßen.

3. Das Modell der Koralle

Mit ihren Verzweigungen lassen die beiden Gebilde an Abstraktionen jenes »Baumes des Lebens« denken, den Darwin als Modell der Evolution vorgeschlagen hatte. Im selben Moment wird diese Assoziation jedoch dadurch irritiert, daß die linke Krone der unteren Zeichnung mit ihrem dichteren Geäst eher an einen Busch erinnert. Der Augenschein trügt nicht. Das Spektakuläre der Zeichnungen liegt nicht allein in der frühesten Visualisierung der Evolutionstheorie, sondern in der Überführung des Baummodells in eine alternative Bildsymbolik.

Offenbar wurden Darwin in dem Moment, in dem er die Evolution der Natur zeichnerisch modellierte, jene Schwächen der Baummetapher bewußt, die seit dem Mittelalter immer wieder Anlaß zu Kritik gegeben hatten. Es war die Unabdingbarkeit der Richtung seines Wachstums, die vor allem in bezug auf die sozialen Stammbäume, in deren Wipfeln der Adel situiert war, abgelehnt wurde. So hat der sogenannte Petrarca-Meister (1. Drittel 16. Jahrhundert) in einer seiner Interpretationen von Francesco Petrarcas (1304–1374) Schrift über den Trost *De remediis utriusque fortunae* eine Persiflage auf das Baummodell veröffentlicht, indem er jene Bauern, die unten im Wurzelwerk verfangen sind, nochmals im Wipfel in genüßlicher Muße zeigt, wobei sich der Dudelsackspieler mit beiden Füßen auf den eine Etage tiefer sitzenden Papst stützt (Abb. 9).[45]

Im Bereich der Naturforschung hatte der Italiener Vitaliano Donati (1717–1762) im Jahre 1750 als Alternative zu den Leiter- und Baumvorstellungen das Modell des Netzes vorgeschlagen, um ein Ordnungssystem zu entwickeln, das als Flechtwerk von Knotenpunkten und Fäden elastischer war als alle Versuche der linearen Binnendifferenzierung:

Abb. 9: Petrarca-Meister, Menschenbaum, Holzschnitt, 1532

»In jeder dieser so beschaffenen Ordnungen oder Klassen bildet die Natur ihre Serie, wobei sie unmerklich von Ring zu Ring ihrer Ketten übergeht. Darüber hinaus sind die Ringe einer Kette so stark mit denen einer anderen verbunden, daß man die natürlichen Übergänge eher mit einem Netz als einer Kette vergleichen müßte, weil dieses mit verschiedenen Fäden gewebt ist, die untereinander wechselseitige Verbindungen, Beziehungen und Vereinigungen haben.«[46]

In der Tradition dieser Kritik des Baummodells hat Darwin am Kopf seiner Skizzen die Überlegung fixiert: »Der Baum des Lebens sollte vielleicht die Koralle des Lebens genannt werden.«[47] Die weiteren Erläuterungen belegen, daß der Konjunktiv in dieser Phase seiner Überlegungen rhetorisch gemeint war. Mit Blick auf die abgestorbenen Teile der Korallen konnte Darwin die Lamarcksche These vom *kontinuierlichen* Wandel zugunsten eines Dramas zurückweisen, in dem es um Tod und Überleben geht: »Basis der Zweige tot; so daß Übergänge nicht gesehen werden können – Erneut ist dies mit der konstanten Abfolge von sich entwickelnden Keimen unvereinbar.«[48] Darwin favorisierte die Koralle, weil diese mit ihren abgestorbenen Stämmen, die als Fossilien der ausgestorbenen Arten gedeutet werden konnten, sowie ihren auseinandergehenden Zweigen ein Gegenbild zu Lamarcks Transformationsvorstellung bieten konnte. Darwins am oberen Blattrand hinzugefügter Zusatz »– ein Nein macht es übermäßig kompliziert« (Abb. 6) begegnet einer möglichen Kritik an seiner Abneigung gegenüber Lamarck präventiv.[49] Mit der Koralle besaß er ein Modell der Evolution, das den zeitlichen Prozeß insofern entschiedener als das Baummuster zu visualisieren vermochte, als es auf einen Blick die Trennung von noch lebenden und bereits ausgestorbenen Arten verdeutlichte. Die Punkte bezogen sich als ausgestorbene Arten auf die versteinerten Arme der Koralle.

Darwin hat sich in seiner ersten Skizze (Abb. 7) offenkundig auf die im Mittelmeer auftretende, wohl berühmteste Korallenart *Corallium rubrum* bezogen, die mit ihren kräftigen Ästen der Gabelstruktur seiner Zeichnung entsprach (Abb. 10, Taf. II, S. 82). Eine solche Analogie aber hätte auch ein im Winter entlaubter Baum bieten können. Offenbar hat diese Edelkoralle Darwin aber in besonderer Weise angezogen, weil sie einen der zentralen Punkte seiner Kritik an Lamarck modellhaft zu repräsentieren schien. Während dessen Transformationsbegriff an die einzelnen Arten gebunden blieb, die sich folglich innerhalb der Naturreiche des Wassers, der Erde und der Luft abspielten, betonte Darwin, daß einzelne Artenklassen immer wieder die Grenzen dieser Dominien zu überwinden suchten. »Gäbe es nicht ein dreifaches Verzweigen am Baum des Lebens, das zu den drei Elementen Luft, Land und Wasser gehört, und das Bestreben jeder einzelnen typischen Klasse, sein Do-

Abb. 10 / Taf. II, S. 82: Corallium rubrum, Berlin, Museum für Völkerkunde , Cni 352 (Aufnahme: Barbara Herrenkind)

minium in die anderen Domänen auszudehnen. Und Unterteilung ›in sechs‹, drei zusätzlich, doppelte Anordnung.«[50]

Wie Darwin auch in seiner zweiten Erwähnung des Baummotivs gegen Lamarck betont hat, zielt diese Verdoppelung der drei Naturreiche darauf, daß die Artenklassen die Grenzen der Lebensbereiche von Wasser, Erde und Luft zu überschreiten suchen: »Wenn jeder Stamm des Baumes für diese drei Elemente verwendet wird, wird es sicherlich Punkte der Verwandtschaft in jedem Zweig geben.«[51] Und auch in der folgenden Zusammenfassung des Schöpfungsgedankens hat Darwin hervorgehoben: »Jeder Teil würde vermutlich nicht vollständig sein, wenn Vögel nur für die Luft und Fische für Wasser geeignet wären.«[52]

Genau diese Verzweigungen aber waren durch Bäume nicht zu visualisieren, weil die abstehenden Zweige, die in Darwins Skizze die drei Naturreiche symbolisieren, in der Regel nicht mehr zusammenwachsen. Anders verhält es sich mit den Korallen, bei denen die Äste und Zweige, auch nachdem sie auseinandergestrebt sind, durchaus neue Einheiten zu bilden vermögen (Abb. 10, Taf. II, S. 82). Der Edelkoralle war damit eine anti-Lamarcksche Symbolik eingegeben, die Darwin neben ihrer Eigenschaft, die abgestorbenen Arten als versteinerten Stamm zu zeigen, anziehen müßte.

Diese Kultur der Verstrebungen hat Darwin in der linken Krone seiner zweiten Zeichnung berücksichtigt, indem deren abstrebende Zweige eher an einen Busch denn an einen Baum denken ließen (Abb. 8, S. 17).

Es handelt sich um ein Charakteristikum, wie es etwa die sich verzweigenden und wieder verbindenden Steinarme der *Melitodes flabellifera var. cylindrica* (Abb.11 / Taf. III, S.82) oder auch die fächerartigen Verstrebungen der *Leptogorgia petechizans* aufweisen (Abb. 12 / Taf. IV, S.83).

Unter den *Corallinae*, die Darwin auf seiner Weltreise gesammelt hatte, befanden sich mehrere Objekte, die der Tendenz zur Verbuschung, wie sie die zweite Zeichnung festgehalten hat (Abb.8, S.17), entsprochen haben. Unter ihnen bilden drei Exemplare der *Corallina officinalis*, die Darwin als Korallen bestimmt hat,[53] in ihrer dichten Verstrüppung eine Extremform (Abb.13 / Taf. V, S.84). Einmal vom Stamm gelöst, wuchern sie aus- und ineinander, so daß sie, wie Darwin festhielt, »oftmals ineinander wachsen und immer dicht beisammen sind.«[54]

Diese wuchernde Struktur ist in Darwins dritter Zeichnung der Notizbücher von 1837 verstärkt, in der nichts mehr an einen Baum erinnert (Abb.14). Um die Umkehr sowohl zeichnerisch wie auch schriftlich festzuhalten, hat Darwin in diesem Glücksmoment der Wissen-

Abb. 11 (links) / Taf. III, S. 82: Melitodes flabellifera var. cylindrica Berlin, Museum für Naturkunde, Cni 5437 (Aufnahme: Barbara Herrenkind)

Abb. 12 (rechts) / Taf. IV, S. 83: Leptogorgia petechizans Berlin, Museum für Naturkunde, Cni 4836 (Aufnahme: Barbara Herrenkind)

Abb. 13 (unten) / Taf. V, S. 84: Corallina officinalis London, The Natural History Museum, Darwin 1143

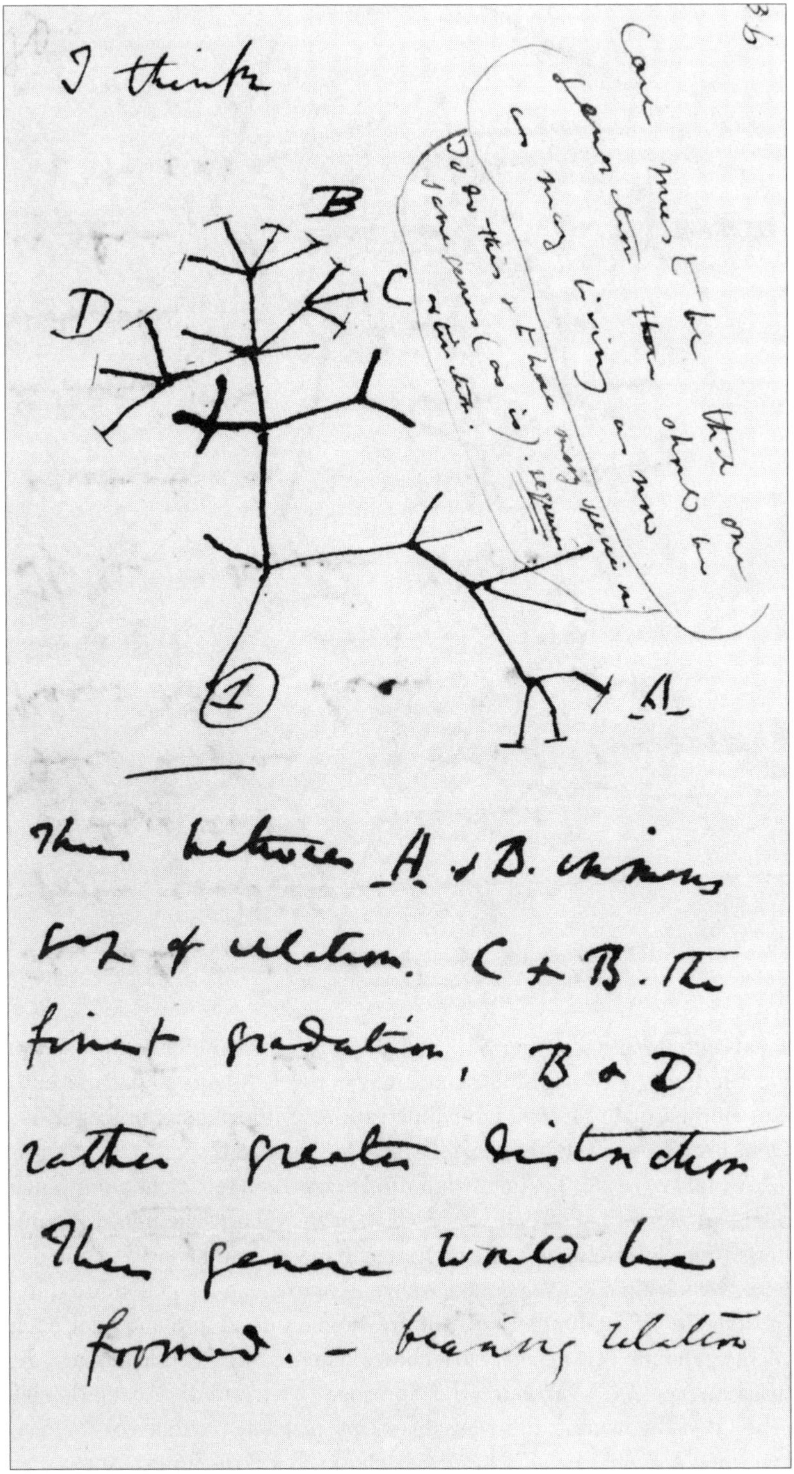

Abb. 14 / Taf. VI, S. 85: Charles Darwin, 3. Evolutionsdiagramm aus Notebook B, Federzeichnung, 1837, Cambridge, University Library, Dar. Ms 121, Fol. 36

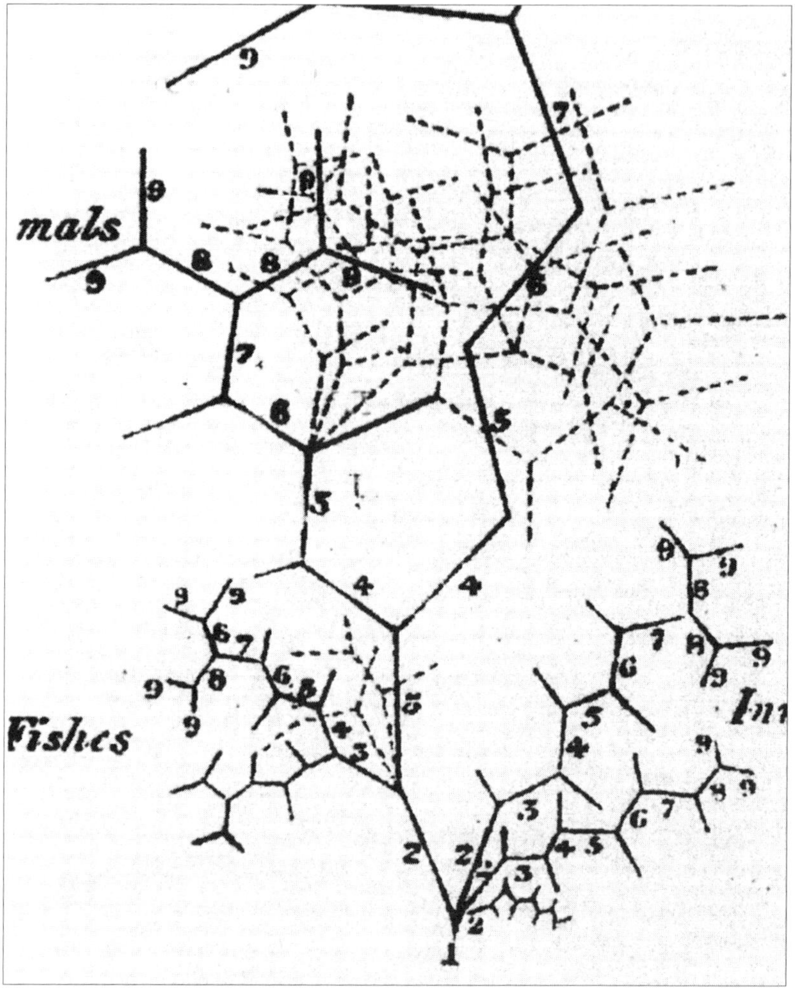

Abb. 15 (links): Barrys »Tree of Animal Development«, Buchillustration, 1837

schaftsgeschichte über der Skizze das Motto eingetragen: »I think«, um das Medium der Zeichnung als Membran des Denkens zu definieren.[55] Das Bild ist nicht Derivat oder Illustration, sondern aktiver Träger des Denkprozesses. »I think« schreibt der Denker – und spricht die Skizze.

An ihrer Gestalt besticht, daß die Verzweigungen nicht allein nach oben, sondern in alle Richtungen streben zu wollen scheinen. Eine mit der Ziffer 1 bezeichnete Linie fächert sich in einen linken Zweig auf, der bereits nach kurzem Weg endet, während der nach oben gehende Strang in variable Verästelungen und Unterzweige mutiert und auch der nach rechts gehende Strang sich auffächert. Wie die Bildlegende aussagt, repräsentieren A–D Varianten der Spezies 1, während die Abstände zwischen den Buchstaben das Maß ihrer Unterschiede markieren: »So also zwischen A & B riesige Lücke an Beziehung. C & B die feinste Abstufung,

B & D eher größerer Unterschied. So würden sich Gattungen bilden.«[56]

Am rechten Rand hat Darwin die Bemerkung angefügt: »Es muß der Fall sein, daß dann eine Generation so viele Lebewesen haben sollte wie jetzt.«[57] Dieser Zusatz thematisiert die Lehre von der monadischen Balance des Absterbens und Entstehens der Arten, der zufolge den Siegern des Überlebenskampfes eine Zahl von Verlierern gegenüberstehen würde, so daß insgesamt dieselbe Summe verbliebe.[58] Eine zweite Schriftblase erläutert: »Um dies zu tun und um viele Spezies in derselben Gattung zu haben (wie es der Fall ist), VERLANGT es das Aussterben.«[59]

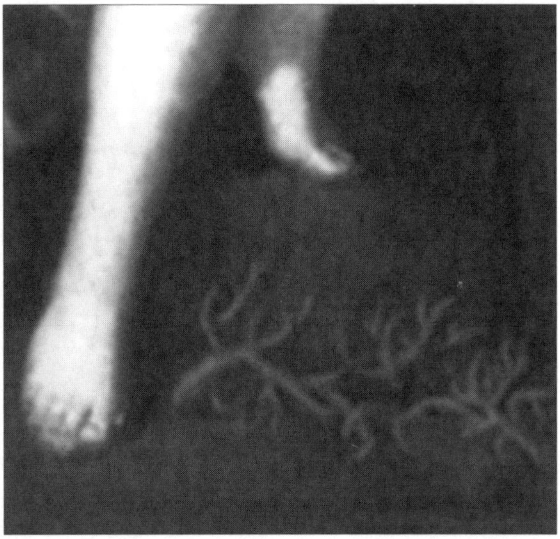

Abb. 16: Pietro da Cortona, Koralle, Ausschnitt aus Abb. 41, S. 64 / Tafel XIX, S. 95

Darwin hat dieses Problem auch graphisch durchgespielt. Aus dem zentralen Stamm 1 gehen nach allen Richtungen 25 Verzweigungen ab. Da aber die Zahl von 13 Arten stabil sei, wären im Laufe der Geschichte insgesamt 12 ausgestorben.[60] Um diesen Vorgang zu verdeutlichen, hat Darwin die überlebenden Arten an ihrem jeweiligen Ende durch Querstriche charakterisiert, die nicht etwa das Kreuz des Aussterbens, sondern den Zeitschnitt der Gegenwart angeben. Die oberen 10 Zweige von D, B und C markieren diese überlebenden Arten; dasselbe gilt für die unteren drei Äste von A. Diesen 13 Spezies stehen 12 abgestorbene Arten gegenüber, die dadurch bestimmt sind, daß ihre Striche enden, noch bevor sie den Querstrich der Jetztzeit erreichen.

Darwin wurde bei seiner Skizze von den Diagrammen des schottischen Mediziners Martin Barry (1802–1855) angeregt, der die Archetypenlehre des deutschen Embryologen Karl Ernst von Baer (1792–1876) zu Beginn des Jahres 1837 der englischen Forschung vorgestellt hatte (Abb. 15).[61] Darwins gezeichnetes Gedankenexperiment ähnelt darin Barrys Vorschlag, daß beide jede Idee einer Höherentwicklung zugunsten einer inneren Differenzierungsmechanik zurückweisen. Barrys *Tree of Animal Development* gleicht daher Darwins Gebilde auch darin, daß seine Erscheinung keinesfalls an einen Baum denken läßt.

Im Gegensatz zu Barrys kristallin stacheliger Verästelung ist Darwins Modell jedoch unregelmäßiger, weicher, organischer, und hierin ist es noch stärker als die vorherigen Skizzen an Korallenstrukturen orientiert.[62] Zahllose Darstellungen von Korallen, so etwa das Gebilde in Pietro da Cortonas (1596–1669) *Korallenfischern* (Abb. 16), kommen

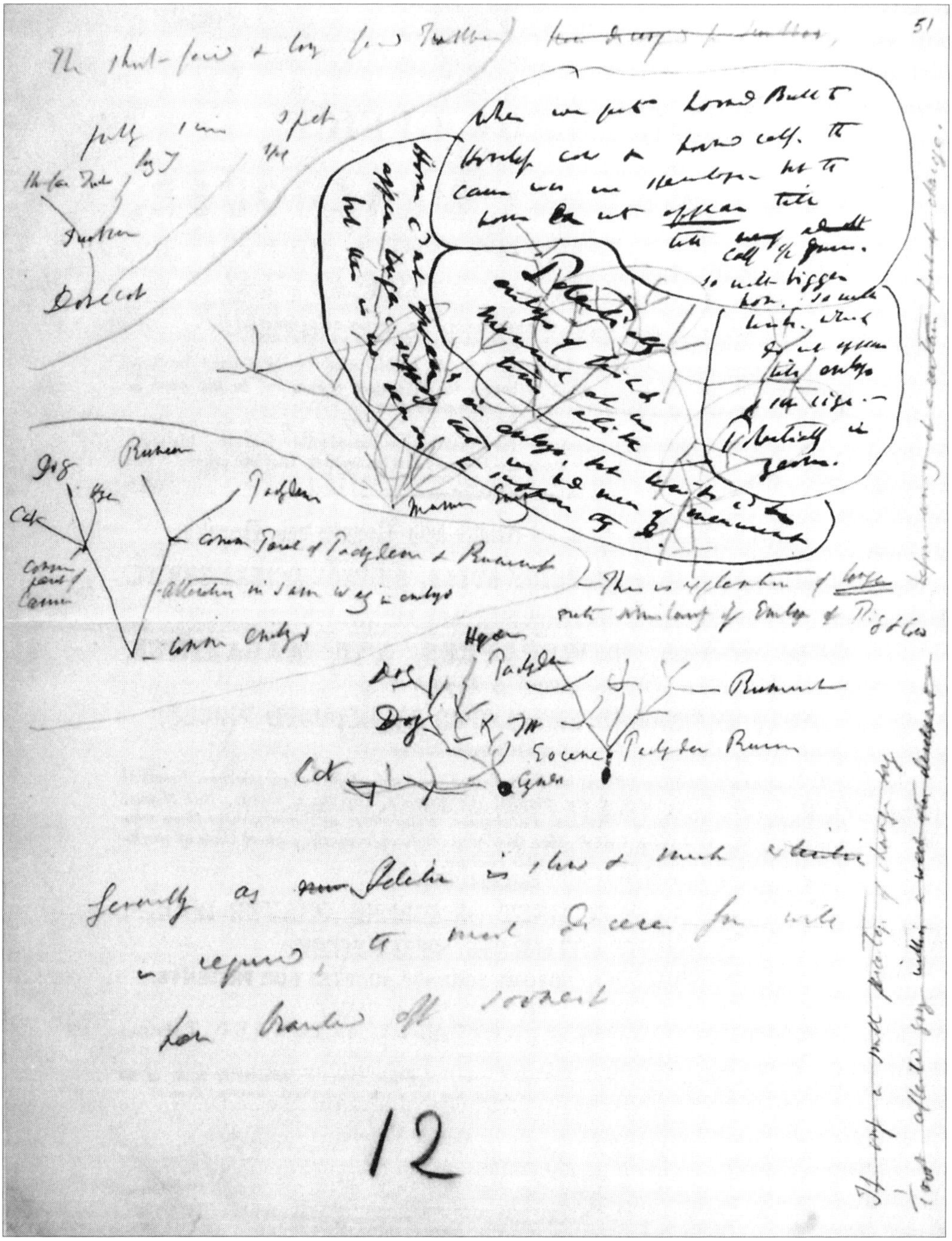

Abb. 17 / Taf. VII, S. 86:
Charles Darwin, Vier Abstammungsskizzen, Bleistift und Feder,
Rückseite eines Reklamezettels der Druckerei Edward Strong, 1840er Jahre (?),
Cambridge, University Library, Dar. Ms. 205, 6, Fol. 51

Darwins Skizze erstaunlich nahe.[63] Auch hierin wird der Perspektivenwandel deutlich, der eine variablere Bewegungsrichtung als der hierarchisch ausgerichtete Baum erlaubte. Die Verzweigungen von Darwins Korallenmodell wandern nicht allein nach oben, sondern wuchern gemäß einer kartographischen Erfassung in alle Richtungen.

Darwin hat nicht aufgehört, diese graphische Form einzusetzen. So befindet sich im Darwin-Archiv von Cambridge ein undatierter Reklamezettel der Druckerei Edward Strong, dessen Rückseite von Darwin in drei Schichten besiedelt wurde (Abb. 17 / Taf. VII, S. 86). In der unteren Schicht sind Sätze, Wörter und Diagramme mit Bleistift eingetragen. Darüber liegt eine zweite Schicht von vier runden, zusammenhängenden Feldern aus dunkelbrauner Tinte. Wiederum mit Bleistift sind in die frei gebliebenen Zonen Felder oder Schriftzüge als dritte Schicht eingetragen, die links oben etwa die Bezeichnung *The short-faced and long faced Tumbler* (Tümmler) und ein sich in drei Zweige auffächerndes Diagramm zeigen. Es ist am sich gabelnden Ausgangspunkt mit *Parent* bezeichnet, über dem nach links die Linie von *Tumbler* aufsteigt.

Unter dieser Skizze erscheint in einer vom linken Seitenrand her trichterförmig nach rechts sich verjüngenden Blase ein in zwei Stränge geteiltes, stacheliges Diagramm, das durch die jenseits der Blase zum rechten Bildrand gehende Schrift erklärt wird: »Dies ist die Erläuterung der nahen [unleserlich] Ähnlichkeit des Embryos von Schwein und Kuh.«[64]

Gegenüber diesen beiden durch ihre Zweigstruktur charakterisierten Diagrammen der linken oberen Blatthälfte kommt das in der unteren Mitte situierte Gebilde aus einem anderen Gedankenrahmen. Darwin zeichnet die Striche in fahrigen, kurzen Segmenten, als wolle er

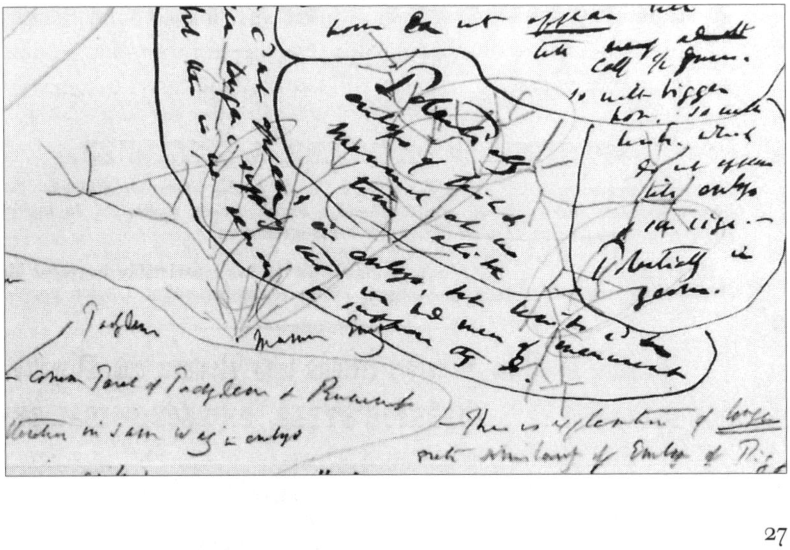

Abb. 18 / Taf. VIII, S. 87
Ausschnitt aus
Abb. 17 / Taf. VII, S. 86

ein Gespinst zusammenfügen, das sich zumindest auf der linken Seite nicht erheben will und wie ein Geflecht auf dem Boden kriecht. Dies ist umso auffälliger, als es sich bei den Tieren um dieselben Familien handelt, die in der Bildmitte links an ein Stachelgerüst geheftet worden waren: »Katze« (*cat*), zweimal »Hund« (*dog*) und schließlich »Hyäne« (*hyena*).

Das aufwendigste Diagramm in der Mitte der oberen Bildhälfte ist von der Tintenschrift überlagert (Abb.18 / Taf.VIII, S.87). Es widmet sich, wie das *mammals* am Ausgangspunkt aussagt, den Säugetieren, deren Entwicklung durch Strichgefüge skizziert wird, die nach oben und zu den Seiten wachsen. Von der Tinte überdeckt, folgt der rechte Trieb einem komplizierten Weg. Auf seinem höchsten Punkt knickt er ab, um sich nach rechts auf ähnliche Weise aufzufächern, wie es das Korallenbild des Notizbuches B gezeigt hatte (Abb.14, S.23 / Taf.VI, S.85).

Dieses zuerst eingetragene Diagramm des Blattes hat nicht ohne Grund die größte Nähe zur Koralle. Sie entsprach Darwins Doppelbestimmung von Regelwerk und Zufall, die er in der schier unendlichen Fülle und Verteilung der Formen wirken sah.[65] Die Koralle vermochte nicht nur das Bild der Evolution als ein Schlachtengemälde mit lebendigen Siegern und versteinerten Toten besonders plastisch zu vermitteln, sondern sie stand in ihrer Wachstumsform auch für die anarchische Seite der Entwicklung, und hierin widersprach sie einem mimetischen Verständnis des Baummodells.

Mit einer kreisenden Handbewegung hat Darwin schließlich jedoch das gesamte Geflecht verworfen, um die korallene Struktur mit dem in der Mitte des Blattes sitzenden Diagramm zu bekräftigen. Das *trial-and-error*-Verfahren der Bild-Gedankenexperimente und die palimpsesthafte Besiedelung des Blattes machen dieses zu einem besonders eindrucksvollen Zeugnis von Darwins zögerndem Vorgehen. Wohl wenige Zeugnisse werden seinem Gesamtbild der Natur so nahe gekommen sein wie diese unscheinbaren Skizzen, die in ihrem suchenden Charakter einer konvulsivisch variablen Natur auf die Spur zu kommen hoffen.

III STRICKLANDS ALTERNATIVEN (1840)

1. Metaphernkritik

Darwins Suche nach Modellen einer variablen Natur wurde von zahlreichen Mitstreitern geteilt. Wohl in kaum einem Moment der Wissenschaftsgeschichte ist die Modellbildung so intensiv diskutiert worden wie in den Jahren zwischen circa 1835 und 1860, als die verschiedenen Ansätze der Evolutionstheorie geformt wurden. Die Frage, ob die Arten in einem angemessenen System erfaßt oder nur willkürlich definiert werden könnten und ob die natürliche Auslese in kontinuierlichem Wandel oder in Sprüngen geschehen sei, gehörte zum Kern der strittigen Dogmen.

Unter den Zeitgenossen, die sich mit Darwin um eine Metaphorik der Natur bemühten, ragt der heute weitgehend vergessene Geologe und Zoologe Hugh E. Strickland (1811–1853) heraus. Er fand einen so bizarren wie tragischen Tod, als er, im Schotter der Gleise nach Fossilien suchend, von einem Zug erfaßt wurde.[66] Sein historischer Rang liegt in seinem jahrelangen Bestreben, die Namensgebung von Arten systematisch festzulegen. Im Konflikt zwischen dem Dogma, daß die Spezies durch göttlichen Plan geschaffen und folglich auch benannt werden könnten und der zunehmend sich verbreitenden Überzeugung, daß Bezeichnungen sowohl von Gattungen wie Arten Abstraktionen seien, die in der Natur keine unmittelbare Entsprechung fänden, betonte Strickland, daß der Akt der Definition transparent bleiben müsse.[67] Darwins Skepsis, Arten festzulegen und namentlich zu benennen, war durch die Auseinandersetzung mit Strickland, mit dem er über die gesamten vierziger Jahre in Kontakt stand und über den er Opponenten auch organisatorisch auszuschalten suchte, geschärft.[68] Angesichts fließender Übergänge zwischen Arten und bloßen Variationen betonte Darwin am Ende der *Origin of Species*, daß Gattungs- ebenso wie Artbezeichnungen »lediglich um der Bequemlichkeit willen gemachte künstliche Verknüpfungen sind.«[69] Als er wegen einer schweren Krankheit Vorsorge traf, bestimmte er Strickland für den Fall seines Todes als Herausgeber seiner posthumen Schriften.[70]

Darwin hat insbesondere Stricklands im Jahre 1840 erschienener Artikel zur bildlichen Repräsentation der Arten beeindruckt, der zu den Marksteinen biologischer Metaphorik gehört. Aufgrund seiner Überzeugung, daß die Natur in ihrer abundanten Wildheit in keine Raster und Schemata zu pressen sei, entwickelte Strickland einen fulminanten Angriff auf alle Versuche, die natürlichen Ordnungen in Metaphern der

Kette, des Kreises, des Netzes oder in zahlentheoretisch begründeten Symmetrien begreifen zu wollen.[71] Mit der Kette der Lebewesen verabschiedete er die bis in das frühe neunzehnte Jahrhundert gültige Übereinkunft, daß alle Arten nur jeweils einen Nachbarn auf jeder ihrer Seiten besäßen. Diese Kette war zwar in der Lage, sich in einer theoretisch unendlichen Binnendifferenzierung in immer neue Glieder und Zwischenglieder zu unterteilen, aber in ihrer geraden Ausrichtung lehnte Strickland sie ab.[72]

Dies galt auch für die Vorstellung einer kreisförmigen Naturordnung, wie sie von dem Käferforscher William Sharp Macleay (1792–1865) entwickelt und unter anderem von dem Ornithologen William Swainson (1789–1855) propagiert worden war.[73] Macleays 1819 bis 1821 publizierte *Horae Entomologicae* hatten das System der Lebewesen in fünf sich berührenden Ringen angeordnet (Abb.19).[74] Darwin hat Stricklands Kritik an diesen kreisförmigen Naturvorstellungen darin beigepflichtet, daß er Macleays Ringsysteme im Dezember 1843 als »Teufelskreise« ironisierte.[75]

Für Strickland war selbst die unhierarchische Form der Fadenverknüpfung, wie sie die Vorstellung eines Netzes der Natur entwickelt hatte,[76] ungeeignet, die *variety* der Natur zu erfassen: »Kurz gesagt, Varietät ist ein großes und wunderschönes Gesetz der Natur; sie ist das, was ihre Produkte von jenen der Kunst unterscheidet, und sie ist das, was der Mensch selbst unter Aufwendung höchster Anstrengungen vergeblich zu imitieren sucht.«[77] Diese gegen alle Gesetze der Kunst gerichtete *Varietät* der Natur steht in der Tradition von William Hogarths (1697–1764) *Analysis of Beauty* von 1753, welche die *Variety* als antiklassischen Kampfbegriff einer unendlichen Formenvielfalt propagiert hatte.[78] Angesichts der Irregularität alles Natürlichen, die alle Versuche ihrer geordneten Repräsentation in Modellen oder Museen als hoffnungslos erscheinen ließ, waren für Strickland alle ordnenden Natursysteme ein Produkt der Kunst, und nicht der Natur.[79]

2. Vom Baum zur Karte

Dies bedeutete jedoch nicht, daß Strickland seinerseits auf Bildmetaphern verzichtet hätte. Auch er ging zunächst vom Baummodell aus. In ähnlicher Zielsetzung, in der sich Darwin vom »Baum des Lebens« distanzierte, hat auch Strickland dessen Schwächen betont. Angesichts der anarchischen Formkraft der Natur ließ er allenfalls irregulär wachsende Modellbäume gelten, um schließlich an die Stelle des Baumes mit seinen Verästelungen einen Urwald mit verstrüppten Büschen zu setzen: »Das natürliche System mag, vielleicht, am getreuesten mit

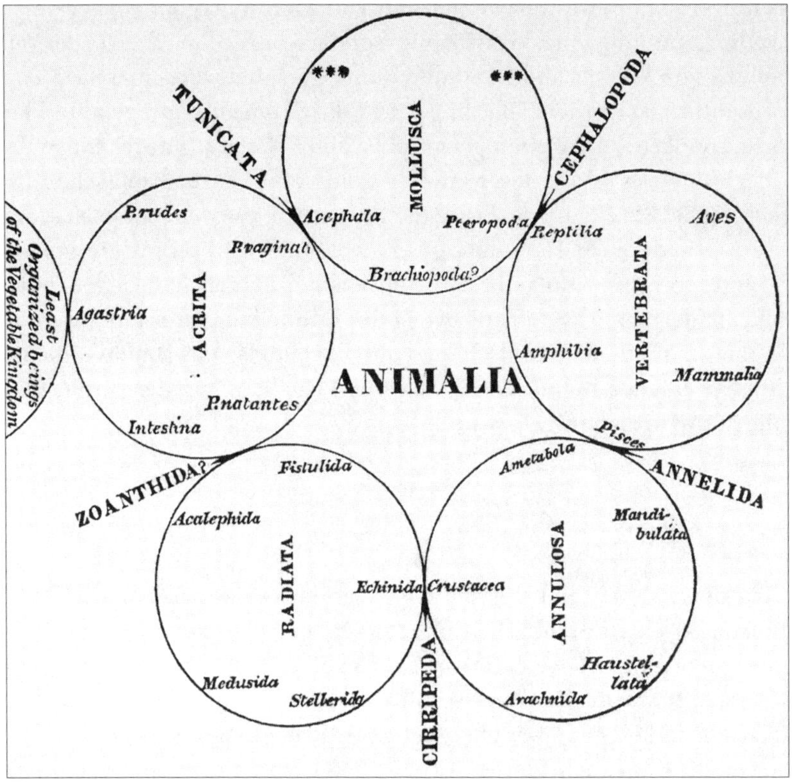

Abb. 19: William Sharp Macleay, Das System der Annulosa, Diagramm, 1819–21

einem unregelmäßig sich verzweigenden Baum verglichen werden, oder eher einer Häufung gesonderter Bäume und Büsche verschiedener Größen und Wachstumsarten.«[80] Ohne daß der Stichwortgeber noch bekannt wäre, wird Stricklands »Verbuschung« des Baummotives bis heute diskutiert.[81]

In einem letzten Schritt hat Strickland die buschförmigen Beziehungen der Arten schließlich in Form einer Karte zu visualisieren versucht, welche die Darstellung vegetabiler Verzweigungen nicht mehr als formbezogenes Vorbild, sondern als methodische Anregung bewertet. Die Zeichnung eines Baumes auf einem Blatt Papier ist nicht mehr wegen dessen Form von Bedeutung, sondern wegen der prinzipiellen Möglichkeit, ein komplexes, dreidimensionales Gebilde in der Fläche eines zweidimensionalen Blattes wiederzugeben und damit die Methode der Kartographie anzuwenden: »Und wie wir die Form eines Baumes zeigen, indem wir sie auf Papier skizzieren, oder seine individuellen Zweige und Blätter zeichnen, so mag auch das Natursystem auf einer Karte gemalt werden.«[82]

Mit seiner Hierarchie von Stamm, Ast und Zweig stand der Baum jener irregulären Verteilung der Arten entgegen, die Strickland in der

Natur erahnte: »Die Verwandtschaft von Tieren mag möglicherweise weder geradlinig noch kreisförmig, sondern unregelmäßig wie die Verteilung von Wasser und Land und damit geeignet sein, in einer Karte präsentiert zu werden: allerdings nicht durch eine *a priori* gefaßte Theorie, sondern gemäß einer geographischen Erkundung durch lange Beobachtungen.«[83] Mit dieser Favorisierung einer kartographischen Erfassung hat Strickland die Frage der Systematik von der Natur selbst auf die Methode ihrer Darstellung verschoben. Was die Biologie leisten konnte, war ihm zufolge kein Regelwerk der natürlichen Gegebenheiten, sondern eine Systematisierung der Darstellung ihrer Irregularität. In diesem methodisch einschneidenden Schluß lag das Hauptverdienst von Stricklands Bemühungen um eine Visualisierung der Natur, und hierin traf er sich mit Darwin.

3. Das kartographische Modell

Strickland war ein zu kritischer Geist, als daß er nicht auch dieser Überführung des Baum- und Buschmodells in die Sphäre der Kartographie gravierende Schwächen attestiert hätte; gleichwohl aber war er davon überzeugt, daß die Verwandtschaften des Natursystems »mit akzeptabler Genauigkeit auf einer ebenen Oberfläche gezeigt werden können; so wie die Oberfläche der Erde, obwohl ein irreguläres Sphäroid, maßstäblich auf eine Karte übertragen werden könnte.«[84]

Sein Vorschlag der kartographischen Erfassung einer Vogelart zeigt die verschiedenen Spezies als Länder, die wie Inseln im Meer schwimmen. Ihre Zwischenräume entwickeln sich dynamisch nach dem Grad ihrer Verwandtschaft, wobei ihre Beziehungen zusätzlich durch Linien markiert sind, deren Verstrebungen die Herkunft von den Verästelungen unregelmäßiger Bäume und Büsche erkennen lassen.[85] Am 21.9. 1840 hat Strickland in Glasgow vor der illustren Versammlung der *British Association for the Advancement of Science* ein erweitertes Kartenmodell der Verwandtschaft einiger Vogelarten vorgelegt, das die Verbindung von geraden Affinitätslinien mit der irregulären Verteilung der wie aus dem Meer auftauchenden Inseln der Vogelarten besonders eindrucksvoll demonstrierte (Abb. 20).[86]

Stricklands Modell einer kartographischen Systematisierung der Natur war jene spätantike Weltkarte, die der Wiener Humanist Conrad Celtes (1459–1508) gefunden und dem Augsburger Kartensammler Konrad Peutinger (1456–1547) übermittelt hatte.[87] Mit diesem Bezug transformierte Strickland das naturmimetische Baummodell in die Kartographie der geographischen Zufälligkeiten. Sein Vorschlag, den Leiter-, Baum-, Netz- und Kreismetaphern das Konstrukt der Karte entgegenzustellen, war von der Hoffnung beseelt, die Natur mit der »wilden Üppigkeit ihrer Verästelungen« angemessen abbilden zu können.[88]

Darwin hat den Artikel noch im Jahr seines Erscheinens gelesen, und die Karte hat ihn so stark beeindruckt, daß er Strickland die Priorität ihrer Erfindung zuschrieb. Dies legt zumindest eine Bemerkung zu John Lindleys (1799–1865) *Natural System of Botany* nahe, die im selben Jahr herauskam: »Nutzt nicht Lindley Diagramme, um Verwandtschaften anzuzeigen, wie die Karten von Strickland?«[89] Stricklands Visualisierung muß Darwin in besonderer Weise angezogen haben, weil seine drei Jahre zuvor gefertigten Korallenskizzen eine ähnliche Zielsetzung wie dessen Busch- und Kartenmodelle verfolgt hatten. Auch sie suchten die Gerichtetheit des Baumes zu vermeiden. Würde man die Querbalken der noch lebenden Arten von Darwins dritter Zeichnung (Abb. 14, S. 23 / Taf. VI, S. 85) flächig umzeichnen, so ergäbe sich eine Karte, wie sie Strickland wenige Jahre später imaginierte.

Darwin und Strickland unterschied bei aller Gemeinsamkeit jedoch die Wiedergabe der zeitlichen Dynamik. Stricklands Karte der Lebewesen war eine Momentaufnahme der lebenden Arten, während das Wachstum der Korallenzweige die Entwicklungen der Variationen anzuzeigen und im versteinerten Stamm den Kosmos der Fossilien zu symbolisieren suchte.[90] Hierin lag die unverwechselbare Kraft des Korallenmodells, das Darwin weiterhin beschäftigte.

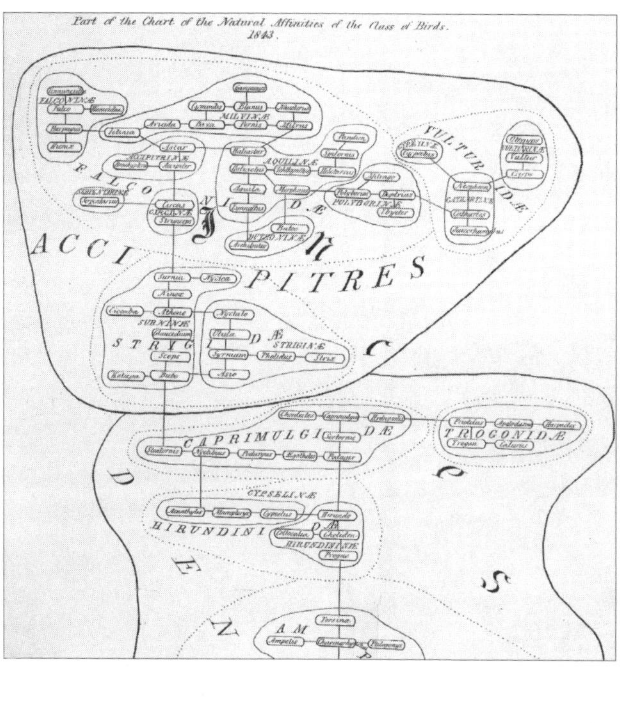

Abb. 20:
Hugh E. Strickland,
Karte verwandter Vogelfamilien, 1840,
nach der Druckfassung von 1843

1. Die Kreissegmente

Drei vermutlich vor 1857 entstandene Zeichnungen stellen Versuche dar, erneut die zeitliche Dimension ins Spiel zu bringen, ohne damit eine zielgerichtete Entwicklung zu suggerieren.[91] Im Zusammenklang von Bild und Text bilden diese Zeichnungen weitere Varianten einer angemessenen Visualisierung der Evolution.

Das allein recto genutzte, hochrechteckige Blatt aus matt weißem Papier zeigt eine komplexe, in Kreissegmente eingepaßte Zeichnung, die ihre Verästelungen vom Zentrum aus in der Winkelspanne von circa 0 bis 140 Grad auffächert (Abb. 21, / Taf. IX, S. 88). Die Spitzen enden in einer Ringsphäre, die durch zwei fahrig gezogene Kreissegmente gebildet ist. Dadurch, daß die am Ausgangspunkt zu lesende Inschrift »Das Elternteil von Beuteltieren und Placentalien« (*Parent of Marsupials & Placentalia*) nicht horizontal, sondern senkrecht eingetragen ist, wird deutlich, daß der Blick vom Mittelpunkt aus gedreht werden kann. Die Kreissegmente sind folglich imaginär zu Vollkreisen zu schließen. Da der Kreis keine Hierarchie der Ausrichtung zuläßt, bietet Darwins

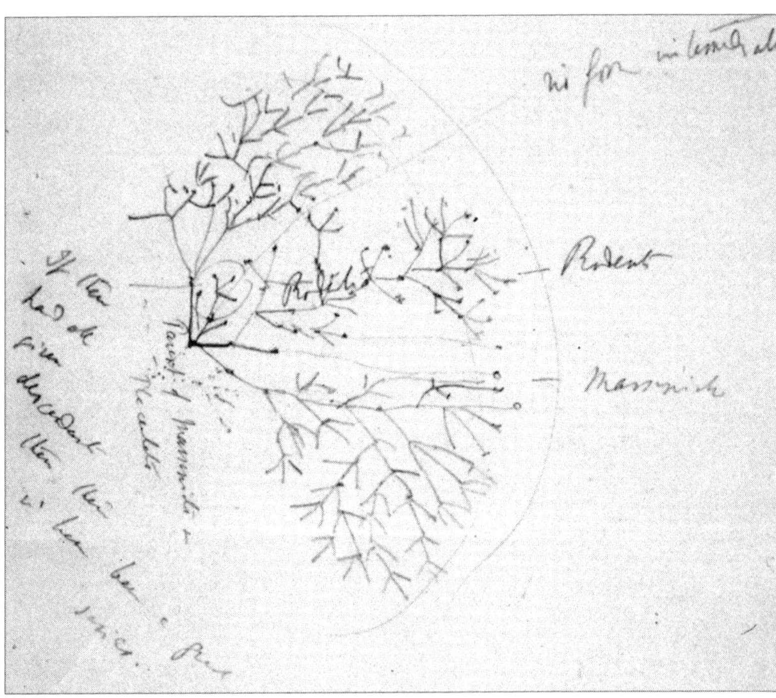

Abb. 21 / Taf. IX, S. 88: Charles Darwin, Evolutionsdiagramm, Bleistiftzeichnung, 1851–57 Cambridge, University Library, Dar. Ms. 205-5, Fol. 183r.

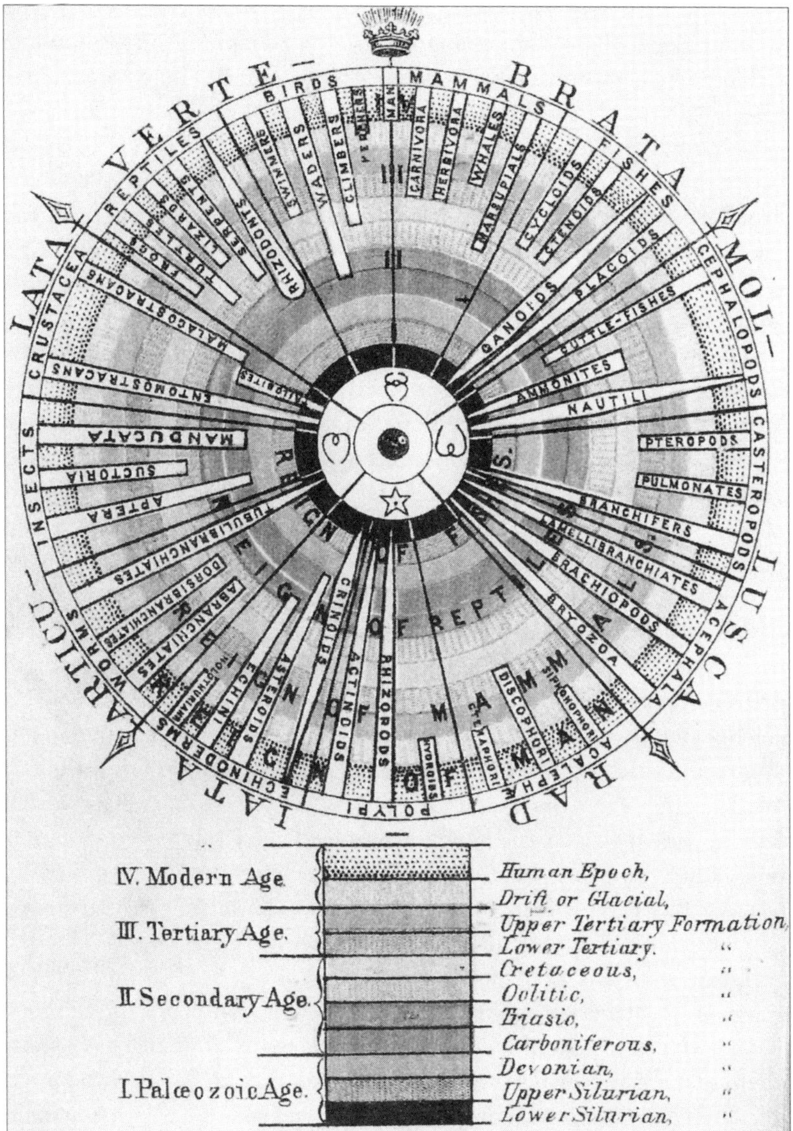

Abb. 22 / Taf. X, S. 89: J. L. R. Agassiz, Erdkruste mit der Entwicklungsgeschichte der Arten, Frontispiz, 1851

ringförmige Verzeitlichung den Versuch, Zeitschichten nicht nur in eine Richtung fortzusetzen, wie dies bei der Stufenleiter und dem Baum der Fall war, sondern gleichberechtigt nach allen Richtungen wachsen zu lassen. Die Verästelung eines buschförmigen Zweigsystems ist hier gleichsam in die Jahresringe eines abgesägten Stammes geritzt.

Darwins Vorbild lag in Jean Louis Rodolphe Agassiz' (1807–1873) *Outlines of comparative physiology* von 1851, die er als eine Stütze seiner

Evolutionstheorie betrachtete.[92] Das Frontispiz dieses Werkes zeigte im Inneren der Erdkugel einen unangetasteten Schöpfungspunkt, um den sich eine Schale von vier Archetypen schloß (Abb. 22/Taf. X, S. 89). Darüber gruben sich die Arten mit den fossilen Ablagerungen ihrer Geschichte wie Stollen durch die Erdkruste, um bis zur Oberfläche der Jetztzeit durchzustoßen.[93] Mit dieser Anlage hat dieses Frontispiz die kreisförmige Variante der Evolutionsmodelle bis heute geprägt. Ihr Vorteil liegt darin, den Zuwachs an Differenzen zwischen den Gattungen durch die Abstände abzubilden, die sich bei zunehmender Entfernung vom Kreismittelpunkt ergeben.[94]

Darwin hat die Möglichkeiten von Agassiz' Kreissystem genutzt, die Verteilung der Artgruppen aber nicht durch Streifen oder Keulen markiert, sondern durch sein aus Punkten und Linien gebildetes Fächersystem variabler gestaltet. Der vom Ausgangspunkt gerade nach oben gehende Strang spreizt seine Zweige breit nach außen, wohingegen der kleine, nach rechts abstehende Zweig nahe am Ursprung bleibt. Er ist durch einen Kreis eingefangen, von dem eine erklärende Linie nach rechts oben geht: »keine Form dazwischen liegend«.[95]

Die folgende, waagerecht nach rechts strebene Verästelung differenziert sich in einen feingliedrig auffächernden Strauch, der nach der dritten Abzweigung und auch außen mit »Nagetiere« (*Rodents*) bezeichnet ist, sowie in zwei gerade durchlaufende Linien, von denen der untere mit »Beuteltiere« (*Marsupiales*) gekennzeichnet ist. Offenbar hat Darwin hier zeigen wollen, wie sich in enger Nachbarschaft sowohl feinste Verästelungen wie auch unveränderliche Linien ergeben konnten. Dem Strang der »Beuteltiere« kommt schließlich das untere Geäst so nahe, das sich beide zu berühren scheinen. Es verteilt sich relativ regelmäßig über einen Sektor von circa 100 bis 140 Grad.

Dreht man das Blatt um 90 Grad nach links, so daß die am Ausgangspunkt sitzenden senkrechten zwei Zeilen *Parent of Marsupials & Placentalia* zu lesen sind, vollendet sich Darwins graphisches System. Denn erst aus dieser Perspektive ist zu erkennen, daß der Mittelpunkt der Kreise nicht am Ausgangspunkt der beschriebenen Verästelungen sitzt, sondern in einem winzigen, über dem »P« von *Placentalia* eingetragenen Punkt (Abb. 23/Taf. XI, S. 90). Von ihm aus geht nach links ein winziger Punkt ab, ohne eine Linie bilden zu können. Unmittelbar darüber wandert jedoch eine Linie horizontal nach links, die allerdings bereits am Ende ihrer vier langgezogenen Punkte abbricht. Schräg nach links oben läuft dann eine gerade Punktlinie durch das »Elternteil« (*Parent*), um in den Beginn der Verästelungen zu münden.

Abb. 23: Ausschnitt aus Abb. 21 / Taf. XI, S. 90

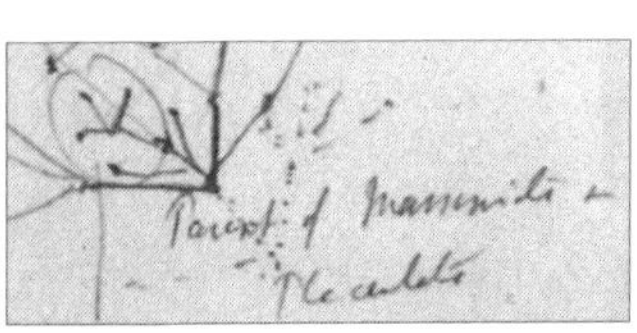

Für das Verständnis des gesamten Blattes ist dieses Detail entscheidend. Es zeigt, daß Darwin jenes Korallenmodell, das die ausgestorbenen Arten durch Punkte und die noch lebenden Varianten durch Linien ausgewiesen hat, hier mit dem Kreissystem Agassiz' verbunden hat. Seine erste Korallenskizze (Abb.6) ist weitgehend identisch mit jenem Geäst, das hinter dem *Parent* senkrecht nach oben geht und dann vier Zweige bildet, von denen der zweite von rechts als gerade Linie durchgezogen ist, wohingegen die übrigen als Punktlinien verblieben sind. Die Fülle der korallenen toten Äste hat Darwin schließlich mit einer schräg angebrachten Inschrift erläutert: »Wenn sie alle Nachkommen produziert hätten, dann hätte es eine große Serie gegeben.«[96]

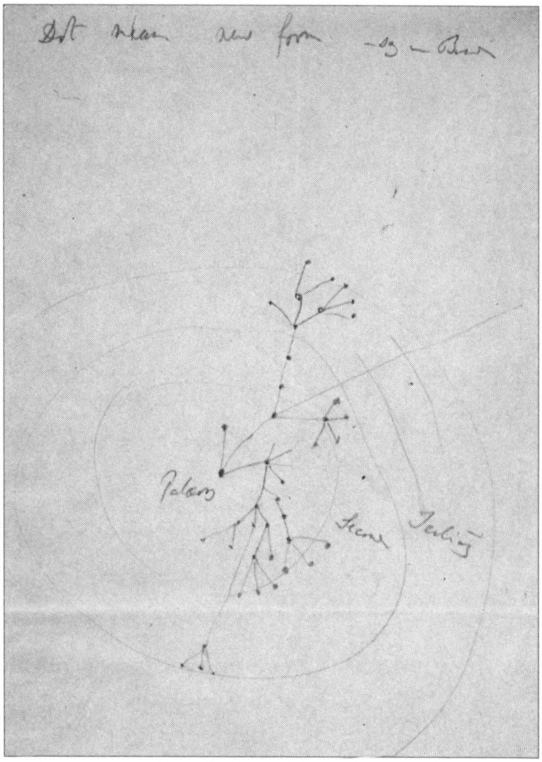

Abb. 24 / Taf. XII, S. 90: Charles Darwin, Evolutionsdiagramm, Bleistiftzeichnung, 1851–57, Cambridge, University Library, Dar. Ms. 205-5, Fol. 184r

Die Verbindung von Punkt- und Liniensystem beweist, daß Darwin auch in dieser Zeichnung keinen Baum, sondern eine Koralle als Modellbild imaginiert. Indem sie zudem die Zeit als Ringschichtung enwickelt, verstärkt sie die Abwehr des nach oben gerichteten Koordinatensystems und des in vertikalen Parallelen gerichteten Wachstums. Die Zweige entwickeln sich nicht nach oben, sondern nach außen, und darin entsprechen sie neben Agassiz' Erdkrustenmodell auch der Karte Stricklands, die sich nach allen Richtungen hin zu bewegen vermag.

Am oberen Bildrand (Taf. IX, S.88) hat Darwin ein Zeugnis dessen hinterlassen, wie sehr ihn die graphischen Elemente beschäftigten, die er mit seiner ersten Korallenzeichnung eingeführt hatte. Die Anweisung: »Laß Punkte die Gattungen repräsentieren« ist mit drei schwungvollen Ausrufezeichen versehen, die auch als Fragezeichen gelesen werden können.[97] Zudem bleibt unklar, ob sich die Aussage auf die Punkte der ausgestorbenen Arten oder auf jene winzigen Kreise bezieht, die sich wie kleine Blasen auf einigen Spitzen der *Rodents* und *Marsupials* rechts außen zeigen. Die Vorderseite des zweiten Blattes ist in dieser Hinsicht eindeutig, indem es inschriftlich definiert: »Punkt bedeutet neue Form – zum Beispiel bei Vögeln« *(Dot means new form – say in Birds)* (Abb. 24 / Taf. XII, S. 90).

Gegenüber der Zeichnung der *Rodents* und *Marsupials* hat hier ein neues System eingesetzt, das kein Wechselspiel zwischen den Punkten und Linien kennt, sondern die Punkte zur Richtungsbestimmung der

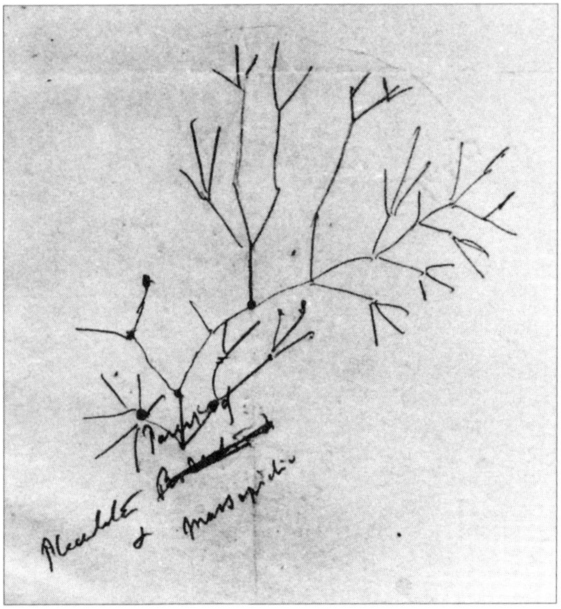

Abb. 25 / Taf. XIII, S. 91: Charles Darwin, Evolutionsdiagramm, Bleistiftzeichnung, 1851–57, Cambridge, University Library, Dar. Ms. 205-5, Fol. 184v

durchgezogenen Linien einsetzt: als Fixierung von Geraden und als Scharnier von Verästelungen. Nach Agassiz' geologischem Modell bildet das paläozoische Zeitalter den mittleren Kreis, um den der Ring des »sekundären« sowie außen die drei Sphären des »tertiären« Zeitalters gelegt sind.[98] Vom Zentrum aus strebt eine Linie direkt nach oben, bricht aber sofort ab, während ein zweiter, schräg nach rechts bis zum Blattrand führender Strich noch vor dem ersten Kreis seitliche Linien abzweigt, die sich ihrerseits auffächern.

Der nach links unten abstrebende Strich der nach rechts weisenden Verästelung ist dadurch verunglückt, daß er den Zeitring, den sein Ausgangspunkt bereits ereicht hatte, in Richtung Zentrum wieder verläßt. Er mutiert gleichsam in die Vergangenheit. An diesem Lapsus wird der suchende Charakter von Darwins Skizze deutlich, der für die Verzeitlichung des Diagramms das Kreisschema nutzte, hier aber in der Stricklandschen Kartographie verfangen blieb. Von genau diesem Zwiespalt ist auch der dritte Strang geprägt, der zunächst schräg nach rechts oben geht, um jedoch nach kurzer Strecke umzuknicken und sich nach unten zu bewegen. Er läuft zwar nicht in Gegenrichtung zum Zentrum zurück, verdeutlicht nach seiner Richtungsänderung aber eine extreme Mutationsgeschwindigkeit.

Zwar hat Darwin in dieser Zeichnung mit den Punktlinien das entscheidende Element seines Korallenmodells vermieden, aber dennoch erinnert bei seinem Gebilde nichts an einen Baum. Vielmehr variiert die bizarre Form als Ganze jene dritte Skizze der Notizbücher, die ebenfalls keine Punktlinien aufwies, sondern in ihrer allseitigen Wucherung einen korallenen Charakter annahm (Abb. 14, S. 23 / Taf. VI, S. 85). Dies gilt umso mehr für die Rückseite (Abb. 25 / Taf. XIII, S. 91), bei der sich die korallenförmige Gestalt jenes Geästes, das von dem »Elternteil von Placentalien und Beuteltieren« (*Parent of Placentalia & Marsupialia*) ausgeht, nach rechts oben bis zu einer fein angedeuteten Kreissegmentlinie auffächert.

Alle drei Zeichnungen nehmen in ihrer buschförmigen, sich dem Wachstum von Bäumen widersetzenden Anlage die Struktur der dritten Korallenskizze auf, um diese mit dem unhierarchischen Zeitbegriff der Kreismodelle zu verbinden. Es waren vielversprechende Versuche, die dem Bestreben, zeitliche Prozesse flächig zu visualisieren, eine neue Dimension hätten geben können. Darwin hat diese Proben und Gedankenexperimente jedoch zu einem überstürzten Abschluß führen müssen, als er im Jahre 1858 den Anspruch auf die Priorität seiner Forschungen zu verlieren fürchtete.

2. Die Antwort auf Wallace

Daß Darwin diesen Skizzen nicht weiter nachging, lag an den Untersuchungen des jungen Naturforschers und Präparathändlers Alfred R. Wallace (1823–1913). Wallace hatte sich in einem Aufsatz des Jahres 1856 von Stricklands Forschungen inspirieren lassen, indem er die Familie der *Scansores* (Klettervögel) in ihren Verwandtschaftsbeziehungen arrangierte (Abb. 26).[99] Die kartographische Ikonographie hat er allerdings vermieden. Die Distanzen zwischen den Arten, die ihm zufolge das Ergebnis des Aussterbens von Spezies in der früheren Geschichte der Natur seien,[100] hat er vielmehr in ein Liniengerüst gebracht, das in seiner abstrakten Anmutung an Lamarcks Zusammenspiel von Leiter und Baum erinnerte (Abb. 5, S. 15). Da Wallace nur eine, zentral ausgerichtete Vertikale nutzte, kam das Baummodell in entschlackter Form zurück.

Abb. 26: Alfred R. Wallace, Familie der Scansores (Klettervögel), Diagramm, 1856

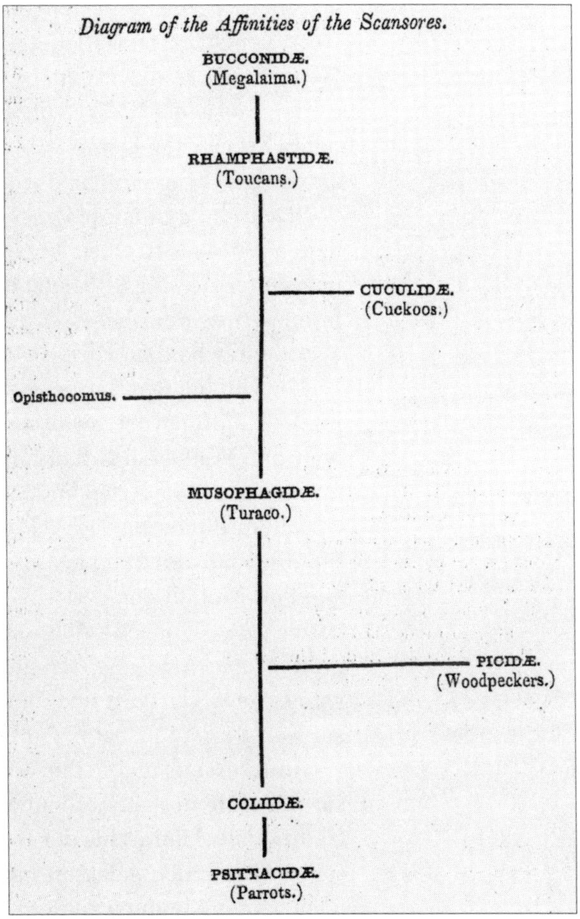

Bereits im Jahr zuvor hatte Wallace in einem ebenfalls in den *Annals and Magazine of Natural History* publizierten Aufsatz zum Bild des Eichenbaumes gegriffen. Seine Verwendung des Baummodells war so bezwingend, weil er dieses nicht als Lösung des Problems aufführte, die Affinitäten zwischen den Arten modellhaft zu bestimmen, sondern als Zeichen der Komplikationen, es zu bewältigen: »im aktuellen Stand der Natur ist dies fast unmöglich, weil die Spezies so zahlreich und die Modifikationen von Form und Struktur so verschiedenartig sind. Dies rührt vermutlich von der immensen Zahl von

Spezies her, die als Antitypen für die existierenden Arten gedient haben und die daher ein kompliziertes Verästeln der Linie der Verwandtschaften bildeten, ebenso verzweigt wie die Zweige einer knorrigen Eiche oder das Blutgefäßsystem des menschlichen Körpers.«[101]

Erst wenn es möglich sei, die Komplexität des Baumes als Zeichen der Geschichtlichkeit der Arten zu begreifen, könne es gelingen, die Natur als Ganze zu klassifizieren: »Nochmals, wenn wir bedenken, daß wir nur Fragmente dieses unermeßlichen Systems haben, wobei der Stamm und die Hauptäste durch ausgestorbene Arten repräsentiert werden, von denen wir keine Kenntnis haben, während eine ungeheure Masse von Ästen und Zweigen und kleinen Zweigen und verstreuten Blättern das ist, was wir in eine Ordnung zu bringen und die wahre Position zu bestimmen haben, die sie ursprünglich mit Blick auf die anderen einnahmen, wird uns die ganze Schwierigkeit des wahren Natursystems der Klassifikation offenkundig.«[102]

Unverhohlen nutzte Wallace hier das Bild des Baumes, um die Natur als einen Prozeß darzustellen, dessen wichtigster Vorgang unerkennbar weit zurücklag. Diese Vorstellung erwies sich in Wallace' bildhaftem Denken, das seine Graphiken bei weitem übertraf, als überaus weitreichend. So suchte Wallace die Frage, ob es in der Evolution einen Rück- oder Fortschritt gegeben habe, ebenfalls am Beispiel des Baumes zu beantworten. Er imaginierte einen mächtigen, hochsitzenden Ast, der jedoch durch ungünstige Umstände abbricht, so daß tief unter ihm ein neuer Ast auszutreiben beginnt. Einer niederen Stufe der Entwicklungsleiter zugehörig, besitzt dieser Trieb zwar nicht die Stärke und Differenzierung des oberen Astes, stellt angesichts von dessen Untergang aber dennoch einen Fortschritt dar.[103]

Darwin hat den Artikel von Wallace sofort nach Erhalt gelesen. Ihn muß an dieser wortgewaltigen Ausführung nicht nur beeindruckt haben, daß Wallace das Baummodell zur Verbildlichung der Schwierigkeiten nutzte, die Arten und ihre Geschichte in einem Modell zu fassen; vor allem dürfte er dadurch verblüfft gewesen sein, daß dieser dem Stamm und den Hauptästen jene Funktion zusprach, die in seinem eigenen Modell der petrifizierte Stamm der Korallen eingenommen hatte. Wenn Wallace zufolge der Stamm und die starken Äste jene ausgestorbenen Arten symbolisierten, von denen es keine Kenntnis mehr gab, hatte er Darwins imaginative Phantasie, welche diesen vom Baum zur Koralle geführt hatte, zum Baum zurückgebogen.

Andererseits mußte ihm an Wallace' Metaphorik mißfallen, daß dieser mit Hilfe des aufstrebenden Baumes, und gar noch der Eiche, jene traditionelle Hierarchie der Höherentwicklung wieder einführte, die er selbst hinter sich gelassen hatte. Als ihn Wallace im September 1857 nach seiner Meinung zu dem Artikel fragte, reagierte er durchaus zustimmend, merkte aber an, daß er seinerseits weitaus weiter gehe.[104]

Als er durch mehrere Hinweise seiner Mitstreiter in Alarmstimmung versetzt wurde, daß Wallace ihm die Schau stehlen würde, hat er sich nochmals dem Aufsatz gewidmet. Die Spuren dieses Vorganges finden sich in einigen Marginalien, zu denen eine winzige, kaum mehr sichtbare Randzeichnung gehört, die aus einer unterbrochenen Linie und einer Astgabelung besteht (Abb. 27). Ihre Form ist verblüffend, weil sie, auf dem Kopf stehend, über einen Abstand von zwanzig Jahren eine Brücke zu der Korallenskizze aus dem Notizbuch von 1837 zurückschlägt (Abb. 7, S. 17).

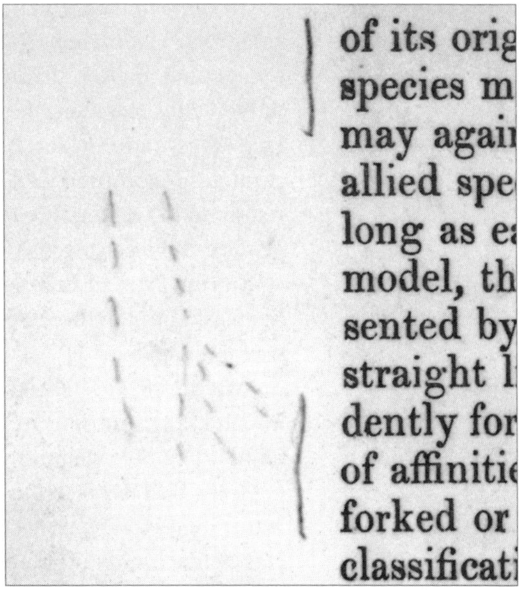

Abb. 27:
Charles Darwin,
Modul der Evolution,
Bleistift, Marginalie
zu: Wallace 1855, S. 186
ca. 1857

In der Gefahr, den Prioritätenstreit um die Formulierung der Evolutionstheorie zu verlieren, übernahm Darwin nun jedoch das Baummodell, um dieses als seine eigene Erfindung auszugeben. Er faßte Wallace' Artikel von 1855 mit dessen eigenen Worten zusammen: »Jede Spezies ist in Zeit und Raum mit vor-existierenden Spezies zusammenfallend zur Existenz gekommen« , um dieses Fazit mit dem Kommentar zu versehen: Wallace »benutzt mein Bild des Baumes.«[105]

Darwins Bemerkung irritiert, weil das Baummotiv, das er erwogen, dann aber abgelehnt hatte, keineswegs als seine Erfindung gelten konnte, zumal er bislang keine Zeile zu dessen Begründung publiziert hatte. In der Konkurrenzsituation mit Wallace aber hat Darwin eben dieses Evolutionsbild, das er im Gedankenlabor seiner Notizbücher und Skizzen überwunden hatte, nun rehabilitiert. Es war der Vorstoß des Konkurrenten Wallace, der Darwin veranlaßte, seine Bedenken zu überwinden und seine Evolutionstheorie in einem Baummodell zu verbildlichen. Er hatte erkannt, daß gegen die hochreflektierte Sprachmacht, in der Wallace den »Baum des Lebens« als Zeichen der Schwierigkeit begründet hatte, ein Modell der Natur zu formen, nicht anzukommen war.

Ein am 5.9.1857 an Asa Gray (1810–1888) gerichteter Brief markiert den Moment der Entscheidung, die Baummetaphorik als ureigene Idee auszuspielen: »Dies, glaube ich, ist der Ursprung der Klassifikation oder der Anordnung aller organischen Wesen aller Zeiten. Diese *scheinen* sich wie ein Baum von einem gemeinsamen Stamm zu verzweigen und unterzuverästeln; wobei die blühenden Zweige die weniger kräftigen zerstören und verlorene Äste grob die ausgestorbenen Arten und Familien repräsentieren.«[106]

In dem umfangreichen, zwischen 1856 und 1858 verfaßten Manuskript zur »Natürlichen Auslese«, das er in verknappter Form für das entsprechende Kapitel der *Origin of Species* nutzte, hat Darwin den tentativen Zug, der sich in diesem Brief noch zeigt, getilgt, indem er Wallace' Verwendung des Baummodells nach Argumentation und Wortwahl aufgenommen und verstärkt hat.[107] So spricht auch er von jenen Ästen und Zweigen, die noch lebende Arten anzeigen, wie auch von der großen Zahl der toten Äste, welche die ausgestorbenen Spezies repräsentieren. Nur in den seltensten Fällen aber, hierin teilt er Wallace' Skepsis, könnten die Aufgabelungen längst ausgestorbener Organismen verfolgt werden.[108]

Mit dieser Aussicht, daß die Fülle der auf den Boden gestürzten Äste im Einklang mit den immer neu heraustreibenden Strängen, die dem blühend im Saft stehenden Geäst die Lebensgrundlage nehmen, ein geeignetes Bild der sich aus permanenten Katastrophen neu schöpfenden Natur abgebe, erkennt Darwin den Baum als passende Bildmetapher. Das Schlachtengemälde der Evolution, das er im toten Stamm der Koralle zur Skulptur manifestiert sah, projiziert er mit Blick auf Wallace nun auf den zugleich absterbenden und blühenden Baum, um diesen erstmals seit der frühesten Erwähnung des »Lebensbaumes« in den Notizbüchern von 1837 als das Modell des *Tree of Life* schließlich vorbehaltlos zu propagieren: Wie bei der Makroevolution »ist es, wie ich glaube, mit dem großen Baum des Lebens gewesen, der die Erdkruste mit Fragmenten seiner toten und abgebrochenen Zweige füllt und mit seinen unaufhörlich lebenden, immer sich aufspaltenden, wunderbaren Verzweigungen das Gesicht der Erde bedeckt.«[109] Wallace' Vorstoß, der den Baum als ein Modell der Skepsis genutzt hatte, ist in diesem Schluß in eine mitreißende Evokation eines Baumes transmutiert, den die Natur als ein Zeichen ihrer Makroevolution selbst hervorgetrieben hat. Damit aber hatte Darwin nicht nur die kritische Distanz von Wallace, sondern auch die eigenen Bedenken getilgt. Er hatte die nach allen Seiten offene Anarchie des Kreises verlassen, um jene horizontale Gliederung der Zeit zu wählen, die Strickland als Fetischisierung von Ordnungswünschen kritisiert hatte. Von diesem Moment an agierte Darwin seinen inneren Selbstwiderspruch in immer neuen Wendungen aus, ein Baummodell aus Prioritätsgründen zu propagieren, von dem er innerlich nicht vollständig überzeugt war.

Der Konflikt spielte sich auch als Zwiespalt zwischen Sprache und Bild ab, weil Darwins Visualisierungen Spuren des Zögerns wahrten, den »Lebensbaum« als Modell der Evolution zu propagieren. Zumindest handelt es sich nicht um eine Umsetzung der schriftlichen Formulierung des Baummodells, sondern um einen unabhängigen Zugang, der alles vordergründig Naturmimetische abstreift. Ein Vergleich mit dem Baummodell des Heidelberger Zoologen Heinrich Georg Bronn (1800–1862) vermag dies zu verdeutlichen. Darwin kannte dessen Werke und sah manche seiner eigenen Ideen darin vorweggenommen.[110] Nach Lektüre der *Origin of Species* wurde Bronn durch seine sofortige Übersetzung des Werkes zu einem Verbreiter der Ideen Darwins, ohne daß er ihm in allen Punkten gefolgt wäre.[111] Seine Forschungen hatten Bronn »quälend nahe« an die Evolutionstheorie herangeführt, aber so offen er sie zur Deutung von Einzelphänomenen heranzog, so entschieden hat er diese in seinem im Jahre 1858 erschienenen Werk zum »Entwicklungs-Gesetze der organischen Welt« in die These der Rückkehr zum ursprünglichen Typus entschärft.[112]

Als Zusammenfassung seines Opus hat Bronn einen Baum veröffentlicht, dessen Äste verschiedene Spezies in der geschichtlichen Abfolge ihres Auftretens markieren (Abb. 28). Die Äste zeigen Bronn zufolge die Entwicklungen der Arten innerhalb der einmal gegebenen Bestimmung an. Die Spezies entwickeln sich ähnlich der Lamarckschen Transformationsregel, und sie streben durchaus in die Dominien anderer Arten; sie überwinden den Rahmen ihrer selbst aber nicht, sondern vollenden die ihnen eingegebenen Anlagen. Die Entwicklung der Organismen geht von unten nach oben von den wirbellosen Tieren bis zum Menschen, wobei jedoch eine hohe Entfaltungsstufe eines niederen Wesens einen höheren Vollendungsgrad als eine tiefsitzende Ausgangsebene eines höheren Wesens haben kann. So hat etwa der links außen mit d bezeichnete Zweig des mit B etikettierten Astes einen höheren Entwicklungsstand als der Zweig c, der nach rechts von dem dritten Ast C abgeht. Die Enden der nach oben gerichteten Zweige zeigen schließlich, daß die Arten auftreten, eine gewisse Zeit verbleiben und dann auch wieder abtreten. All diese Motive machen den Eindruck, als wollten sie in ihrer evolutionären

Abb. 28: Heinrich Georg Bronn, Baum der Arten, Buchillustration, 1858

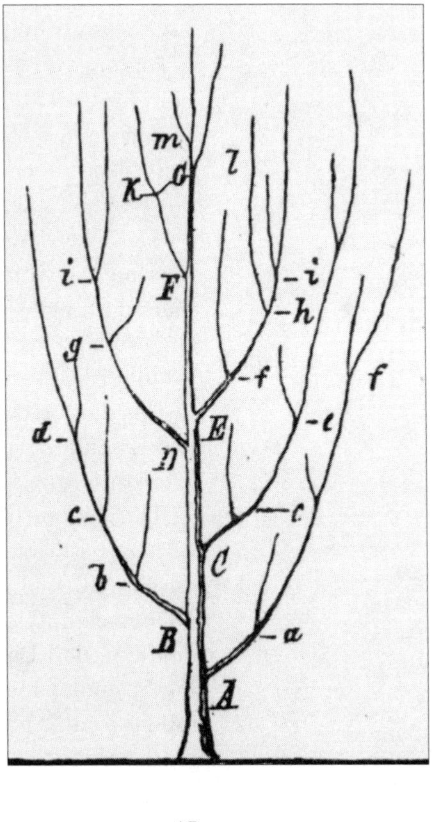

Anmutung die Begrenzungen des Textes überwinden. Dem Augenschein nach vermochte die Illustration mit ihren aufstrebenden Ästen und Zweigen weiterzugehen, als der Text sich erlaubt hätte.[113]

Darwins Diagramme sind mit Bronns mimetischem Modell dennoch nicht zu vergleichen (Abb. 29). Die 1975 veröffentlichten Gebilde zeigen Darwins zeichnerische Versuche in schematisierter Klarheit, die einen schnellen Überblick erlaubt. Darwin selbst hat dieses Blatt als essentiellen Teil seiner Argumentation ausgegeben, der ohne Aufwand des Umschlagens vor Augen sein sollte: »Das komplexe Agieren dieser verschiedenen Prinzipien, nämlich natürliche Auslese, Streuung und Aussterben, mag am besten, wenn auch sehr unvollkommen, durch das folgende Diagramm illustriert werden, das wegen der Bequemlichkeit des Nachweises auf einem Faltblatt gedruckt ist.«[114]

Die beiden Diagramme I und II bilden die wesentlichen Elemente dieses Blattes. In ihren oberen Zeilen sind Elternpaare verschiedener Arten durch Großbuchstaben markiert.[115] Durch Tausende bis Millionen von Generationen hindurch verfolgt Darwin, wie sich diese Arten nach unten auf den Betrachter und dessen Jetztzeit hin entwickeln. Im Gegensatz zu den Arten B bis L, die in ihren Bahnen unverändert fortlaufen, zeigt die Art A in ihren Fächerstrukturen extreme Veränderungen. Von ihren immer neu sich aufspaltenden Unterarten bleiben jeweils nur einzelne Stränge überlebensfähig, so daß am Ende der Zehnerpotenz von Generationen nur mehr a, h und l überlebt haben. Bei dem Beispiel M dagegen fächern sich immer die beiden Möglichkeiten m und z auf, wobei Darwin möglicherweise Wallace' These von den jeweils absterbenden Ante-Arten im Auge hatte; es überlebt jeweils nur das Exemplar der m-Reihe.

Das Diagramm II abstrahiert diese Abfolge auf die erfolgreichen Linien und vermittelt im Detail alternative Prozesse; darunter ist nochmals die Leiste der Ausgangsspezies wiedergegeben. Diagramm III zeigt sodann die Ergebnisse von zehn Evolutionseinheiten an, und Diagramm IV läßt erkennen, daß nach einem weiteren Ablauf dieser Spanne aus den beiden äußeren Unterarten A sechs neue geworden sind, daß E und F unverändert existieren und daß M sich nun in drei Unterarten differenziert hat. Alle anderen Spezies sind ausgestorben.

Die beiden oberen Diagramme I und II unterscheiden sich von Bronns naturnachahmendem Modell schon auf den ersten Blick dadurch, daß sie in der Tradition von Lamarcks Evolutionsgraphik von oben nach unten laufen. Zudem ist von nicht zu unterschätzender Bedeutung, daß Darwin keinesfalls astförmige Linien angibt, sondern Punktreihen, wie er sie in Anlehnung an Lamarck in seiner ersten Korallenskizze (Abb. 7, S. 17) und auch später in reinerer Form verwendet hatte (Abb. 23, S. 36 / Taf. XI, S. 90). Das Grundelement seiner nach

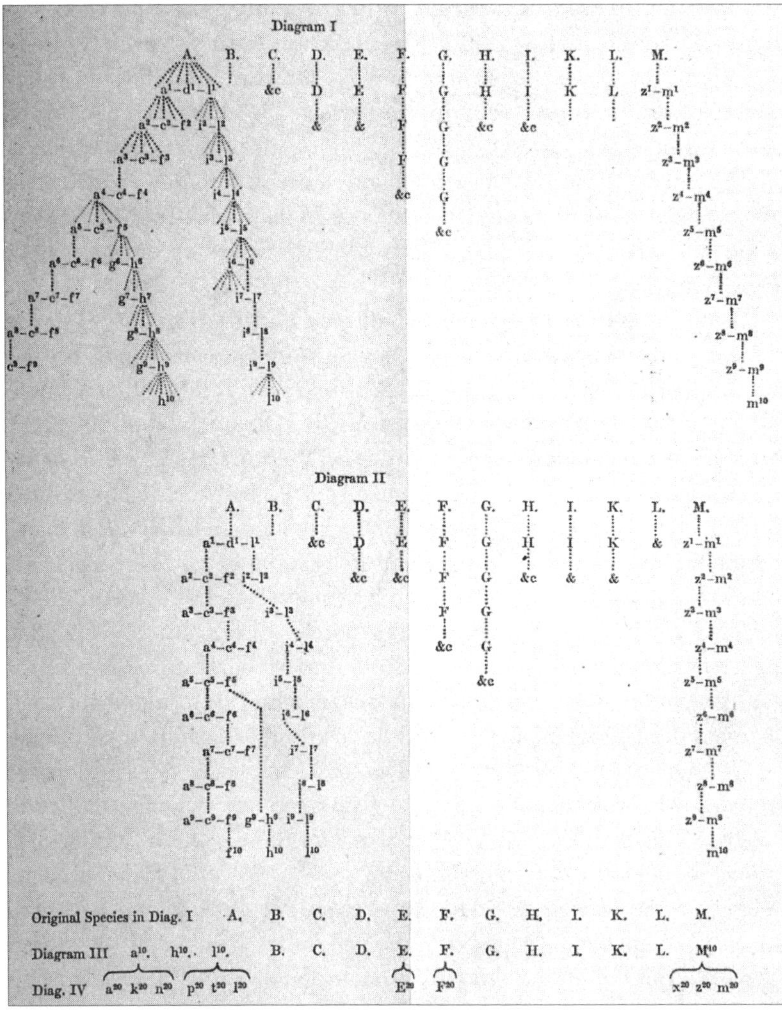

Abb. 29: Rekonstruktion von Darwins Urdiagramm, 1975

unten weisenden Fächer entspricht jenem Dreieck die er am Rand von Wallace' Baum-Text skizziert hatte (Abb. 27, S. 41). Indem Punktlinien die Generationenfolgen anzeigen, nutzt Darwin die Semantik der versteinerten Korallenstämme als Modell der Evolution.

Die einleitende Beschreibung betont den Grad der Ungewißheit des Diagramms, und hierin entspricht sie im Gegensatz zum suggestiven Baummodell, wie Bronn es imaginiert, dem Hypothesencharakter der Punktlinie: »Dieses Diagramm wird die Art, in der, wie ich glaube, die Arten voneinander abstammen, zeigen, und daher wird es im Detail erklärt werden: es wird zudem mehrere Punkte des Zweifels und der Schwierigkeiten zeigen.«[116] In seiner seitenlangen Beschreibung des Diagramms, die immer neue Möglichkeiten durchspielt, wie Arten stabil bleiben oder sich in unterschiedlicher Geschwindigkeit verwandeln,

Abb. 30 (Seite 47) / Taf. XIV, S. 92: Charles Darwin, Urdiagramm der Evolution für die Origin of Species, Klebe, Feder, Bleistift, Tusche, ca. 1857, , Cambridge, University Library, Dar. Ms. 10,2 zwischen Fol. 26r und 26s

kommt Darwin mehrfach darauf zurück, daß ohne das Bild keine Vorstellung vom Gesamtprozeß der natürlichen Auslese gewonnen werden kann, umso deutlicher aber bewußt bleiben muß, daß eine schematische Verkürzung in seinem Wesen liegt. So charakterisiert er insbesondere die Tabelle der Spezies M als eine ideale Form, die nicht verallgemeinert werden darf: »Ich behaupte nicht, daß der Prozeß allgemein so einfach gewesen ist, wie er unter M dargestellt ist, wo eine einfache Spielart m^{1-10} auf jeder Stufe der Abstammung auf natürliche Weise ausgewählt wurde.«[117]

Umso bedeutsamer erscheinen all jene Motive, durch die Darwin die harmonische Symmetrie seines Diagramms gestört und irritiert hat. Dieses Bestreben beginnt bereits in seiner einleitenden Erläuterung des Arrangements der Spezies A–M: »Die ungleichen Abstände der Buchstaben mögen den gewöhnlichen Weg anzeigen, in der die Arten, selbst wenn sie wie in diesem imaginären Fall alle dicht aufeinander bezogen sind, dennoch ungleichmäßig in kleinen Untergruppen aufeinander bezogen sind.«[118] Angesichts der Prominenz dieser Anweisung verstört, daß in der 1975 gedruckten Fassung seines Diagramms, die gemeinhin als eine genaue Umsetzung seiner Vorzeichnung gilt, genau dieser Punkt vermieden ist. Indem die Buchstaben mit immer denselben Abständen geradezu soldatisch ausgerichtet sind, tilgen sie jenes Moment der Unregelmäßigkeit, auf das Darwin den größten Wert legte.

Das Originalmanuskript des Darwin-Archivs in der Cambridge University Library bietet eine umso größere Überraschung. In das Manuskript eingeklebt, springt dem Betrachter das blaue, fast unmerklich linierte Folioblatt mit seiner Höhe von 40,8 cm wie ein Plakat entgegen (Abb. 30 / Taf. XIV, S. 92). Die Kopfzeilen der Diagramme I-III sind durch Großbuchstaben gebildet, die gedruckt, ausgeschnitten, aufgeklebt und mit einem durch Feder eingetragenen Punkt betont wurden. Die Klebe hat diesem Streifen eine bräunliche Farbe vermittelt, die dieser Buchstabenparade einen unruhigen, fast schmutzigen Charakter vermittelt, der Darwins Bestreben entgegengekommen sein dürfte, die Aseptik des Diagrammatischen zu vermeiden. Hierzu gehört auch, daß er neben dem letzten geklebten Buchstaben M mehrfach ansetzend die Eintragungen N und O mit Bleistift skizziert hat. Die von Darwin geforderte Unregelmäßigkeit der Kopfzeilen ist dadurch umgesetzt, daß er den Alphabetstreifen zwischen C und D, D und E, F und G sowie L und M zerschnitten hat, um den Abstand variieren und rhythmisieren zu können. Von all dem ist in der gedruckten Rekonstruktion nichts zu sehen.

Dies gilt gleichfalls für die Subtilität, in der Darwin auch die weiteren Eintragungen vorgenommen hat. Von den Großbuchstaben A und M gehen in den Diagrammen I und II sich verzweigende Punktlinien

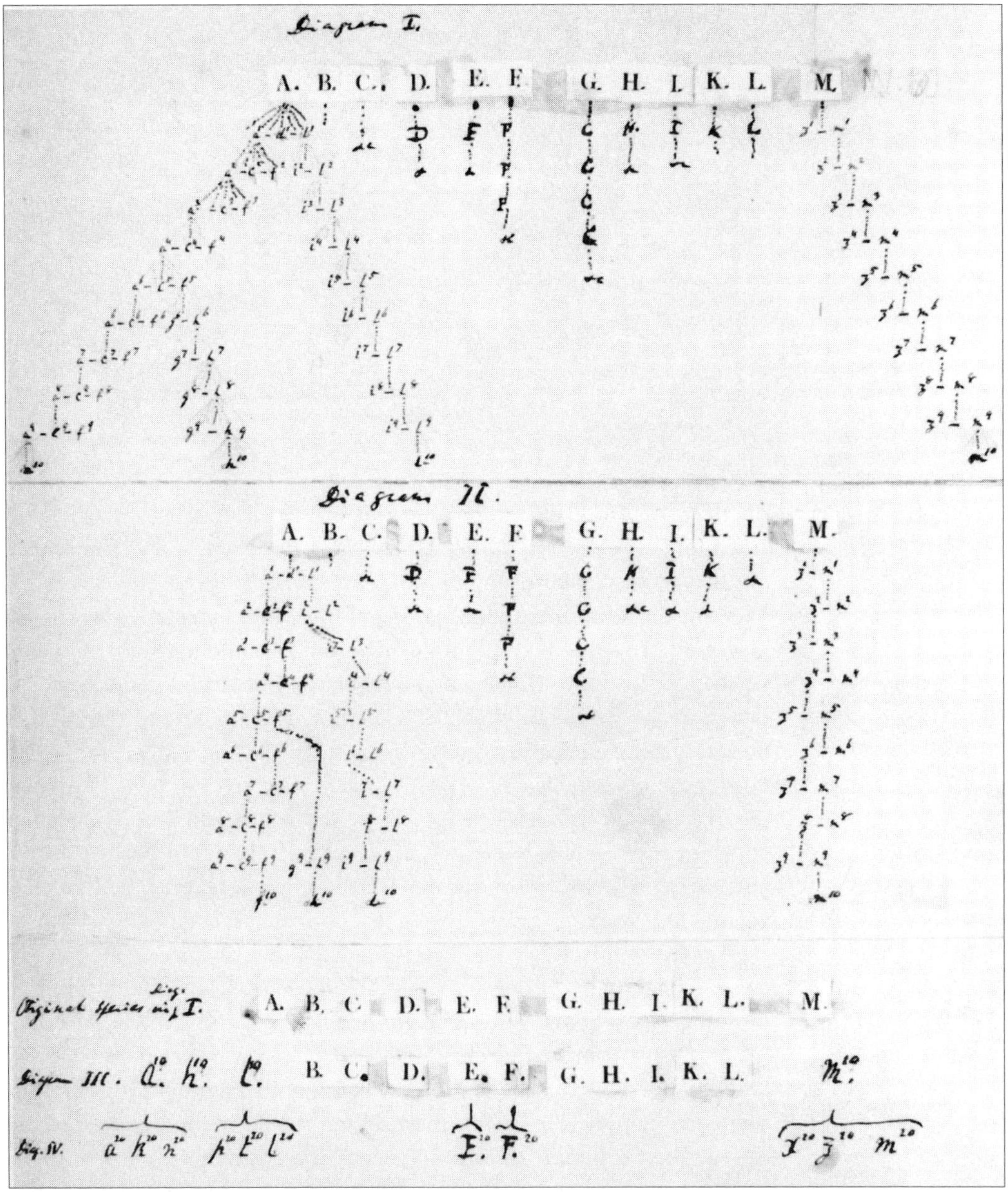

oder Punktfächer aus, die durch Kleinbuchstaben und hochgestellte arabische Zahlen bezeichnet sind (Abb. 31). Die oberen Punktschwärme sind mit Feder eingetragen; darunter sind nur die Mittellinien in Feder gegeben, während die Fächer mit Bleistift eingetragen sind.

Zusätzlich zu diesen Feder- und Bleistiftlinien finden sich Bleistiftspuren von Vorzeichnungen, Korrekturen und Ergänzungen. So geht von i^6 ein Schwarm von Punktfächern bis über die Linie $i^7 - l^7$ hinaus. Selbst

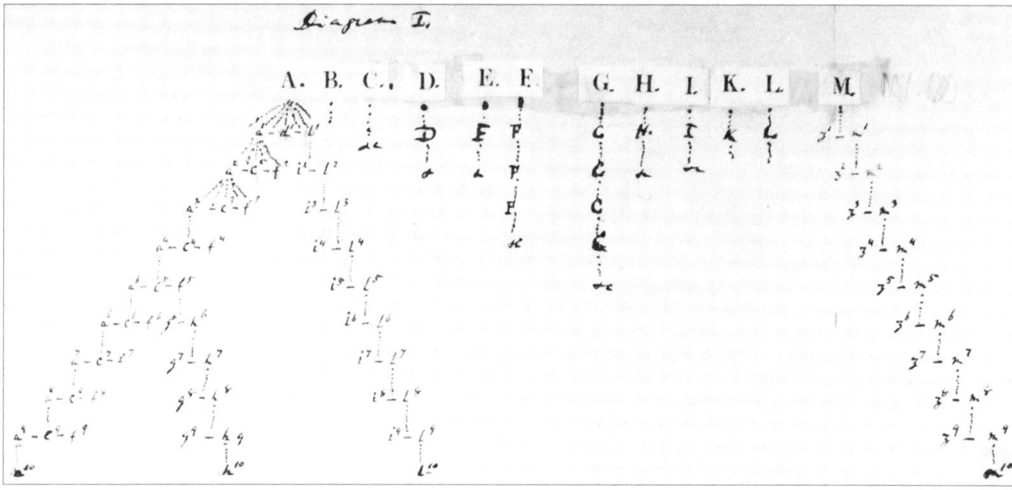

Abb. 31: Ausschnitt aus Abb. 30 / Taf. XIV, S. 92

mit der Lupe kaum wahrzunehmen, fächert sich schließlich von z^7 bis zur Grundlinie von m^{10} ein breites Dreieck auf, das Darwin an keiner Stelle mit der Feder verstärkt und hervorgehoben hat (Abb. 32 / Taf. XV, S. 93). Wie ein Schattenreich wuchert es auf der Seite jener z-Linie, die im Gegensatz zu seinem Pendant des m keine Variante konstant zu halten vermag. Es ist dieser Hauch einer irregulären Entwicklung, der Darwins Diagrammen den vielleicht eindrucksvollsten Charakterzug gibt, weil er bezeugt, mit welcher Sensibilität sich der zeichnerisch eher unbegabte Forscher um seine Visualisierungen gekümmert hat. Darwins Bemühen, die Evolution in einem Modellbild zu gestalten, läßt die Erwartung einer ehernen Härte, wie sie etwa Wallace' skeptisches Bild der Eiche heraufbeschwört, verblassen. In der Umsetzung hat Darwin zudem alles vermieden, was an Bronns Baumgeäst denken lassen könnte.

Am rechten Rand schließlich findet sich die Anweisung an den Setzer, die nochmals auf den unregelmäßigen Abstand der Buchstaben in den Kopfzeilen verweist und bis in die Details die Ausführung festlegt (Abb. 33): »Auf einer separaten Seite zu drucken, die ausgefaltet werden kann, damit alles zu sehen ist. Achte auf den Abstand der Großbuchstaben voneinander; die Buchstaben sollten besser kleiner sein; beachte die Ketten der Punkte und Bindestriche. Die Nummern bei den Kleinbuchstaben sollen so klein als irgend möglich sein. Die Großbuchstaben (und andere) Buchstaben müssen in jedem Diagramm exakt in Position sitzen. – Ich hoffe, die 4 Diagramme werden mit ihrer Größe auf eine Seite gehen.«[119]

Die Sorgfalt, mit der Darwin sein Urmodell der Entwicklung der Arten geklebt, geschrieben, gemalt und erläutert hat, nötigt Bewunderung ab. Umso stärker irritiert, wie unsensibel die gedruckte Fassung von 1975 von dem Modell abweicht. Sie tilgt alle inneren Differenzie-

Abb. 32 / Taf. XV, S. 93: Ausschnitt aus Abb. 30 / Taf. XIV, S. 92

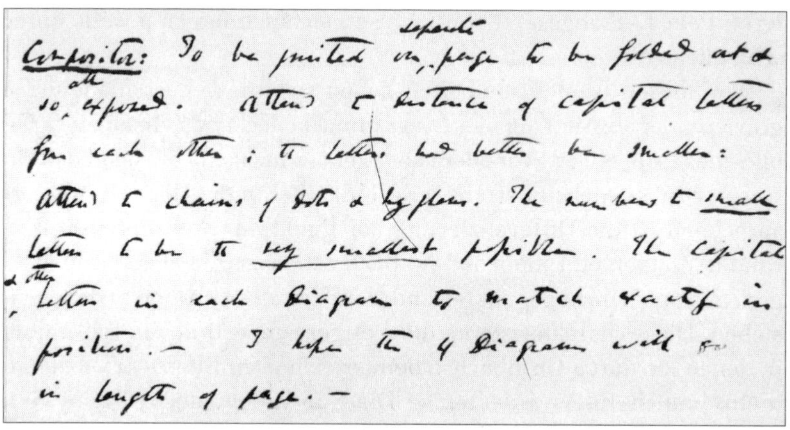

Compositor: To be printed on separate page to be folded at & so all exposed. Attend to distance of capital letters from each other; the letters had better be smaller: Attend to chains of dots & hyphens. The numbers to small letters to be the very smallest possible. The capital & other letters in each Diagram to match exactly in position. — I hope the 4 Diagrams will go in length of page. —

Abb. 33: Charles Darwin, Anweisung an den Setzer, Feder, Zusatz zum Urdiagramm (Abb. 30/Taf. XIV, S. 92)

rungen, so daß nicht mehr sichtbar bleibt, was Feder und was Bleistift, also Vorgabe und Ergänzung ist; zudem fehlen alle Differenzierungen der Linienführung mit ihren keineswegs immer geraden Linien. Ein geübter Designer hat den unruhigen und auch unsicheren Stil von Darwins Hand getilgt, und alles, was Darwins Diagramm lebendig macht, ist entfernt.

V DIE TAFEL DER *ORIGIN OF SPECIES* (1859)

1. Die Gestalt

Darwin brach die Arbeit an seiner Schrift der »Natürlichen Auslese« ab, als ihn im Juni 1858 jenes berühmte Manuskript erreichte, das von Wallace in der Isolation Malayas verfaßt worden war. Es enthielt die Essenz von Darwins Überlegungen. »Nie sah ich eine schlagendere Übereinstimmung«, bekundete er dem Geologen Charles Lyell, um resigniert zu schließen: »So wird all meine Originalität, wie hoch sie auch aufragen mag, zertrümmert.«[120] Die folgenden Monate bis zum März 1859 waren davon bestimmt, angesichts des drohenden Prioritätsverlustes zu retten, was noch irgend zu retten war.[121] Darwin filterte die *Origin of Species* in einer solchen Eile aus seinen Manuskripten, daß er alle Anmerkungen fortließ.[122] Die Klapptafel dagegen entfiel nicht. Ihr Diagramm wurde zu einem der einflußreichsten Bilder, die jemals von der Naturwissenschaft erzeugt wurden (Abb. 34, S. 52/53).[123]

Gegenüber dem Modell des Manuskriptes ist das Grobsystem der durch Buchstaben bezeichneten Arten und ihrer durch Linien und Fächer charakterisierten Entwicklungen beibehalten, und auch die unterschiedlichen Abstände der durch Buchstaben charakterisierten Arten wurden übernommen; während die Gruppen A–D und G–L vom mittleren Paar E–F abgesetzt sind, weisen sie auch intern jeweils unterschiedliche Abstände auf.

Von diesen Gemeinsamkeiten heben sich die Unterschiede umso gravierender ab. Statt der vier Diagramme bedeckt nun ein einziges Gebilde das Doppelblatt. Vor allem aber geht es nicht von oben auf den Betrachter zu, sondern es strebt vom Boden her in die Höhe. Besonders sprechend ist die Differenzierung der Punktlinie. Vom unteren Bildrand her laufen elf Linien auf die Buchstaben zu, die nicht durchgezogen, aber auch nicht gepunktet sind, sondern aus winzigen Strichen bestehen. Diese charakterisieren die riesigen, unbestimmten Zeiträume, in denen die durch Großbuchstaben bezeichneten Eltern-Arten auf gemeinsame Ur-Eltern zulaufen.[124] Die Bündelung von A–D und G–L würde daher nach dem Erreichen ihres gemeinsamen Ursprunges weiterlaufen, um sich mit den Linien von E und F in einem Punkt zu treffen; aus diesem Grund laufen deren Linien unmerklich aufeinander zu. Die durchbrochenen Linien wiederholen sich im oberen Register innerhalb der Horizontallinien XI–XIV, wo sie wie in der Sphäre des unteren Bildraumes riesige Zeiträume angeben, welche die neu entstandenen Arten und Gattungen durchlaufen.

Die gepunkteten Linien des großen, von der unteren Horizontallinie bis zur Linie X gehenden Bereiches dagegen bieten Zeitspannen, die so klein sind, daß sie die Binnenentwicklung der Arten erkennen lassen. Auch wenn es sich jeweils um tausend, zehntausend, Millionen oder hundert Millionen Generationen handelt, die durch jede Horizontallinie markiert wird, zu denen die Punktlinien aufsteigen, so bieten sie dennoch einen erheblich kleineren Zeitmaßstab als die durchbrochenen Linien der äußeren Sphären.[125] Mit der Zone der Punktlinien erblickt der Betrachter einen kleineren, wie mit der Lupe vergrößerten Zeitrahmen. Das Diagramm stellt sich damit als ein Simultanbild verschiedener Zeitperspektiven dar.

Die horizontalen Schichten I bis X zeigen, wie die beiden dominanten Arten A und I immer neue Varianten ihrer selbst in Form unterschiedlich langer Punktlinien senkrecht oder aufgefächert nach oben hervorbringen. Zumeist sind es die jeweils außen aufsteigenden Punktlinien, die sich als Sieger des Überlebenskampfes fortsetzen, wohingegen die nach kurzer Strecke endenden Punktlinien die ausgestorbenen Varianten charakterisieren.

Die römischen Ziffern kennzeichnen jeweils Einschnitte, an denen nach dem Ablauf der definierten Generationenzahl signifikante Veränderungen eintreten. Es sind idealtypische, millennarische Größen, denen zufolge sich nach zehn Etappen schließlich auf der Linie X aus der Art A drei neue Arten a^{10}, f^{10} und m^{10} ergeben, aus der Art I gar die beiden neuen Gattungen w^{10} und z^{10} entstanden[126] und die beiden Arten E F unverändert durchgelaufen sind.

Im oberen Register schließlich, das die Entwicklungsstränge erneut zu durchbrochenen Linien verdickt und begradigt, zeigt sich, daß neben der stabilen Art F nur mehr Varianten dieser beiden dominanten Spezies übrigbleiben. Nach den riesigen Zeiträumen der Horizontallinen XI–XIV werden aus den drei Arten von A acht neue Arten entstehen, F wird allein konstant verbleiben, und aus den beiden Gattungen von I werden sich sechs neue Arten entwickeln, insgesamt also 15.[127]

Indem dieses Schema das Überleben, Variieren und Aussterben der Arten auf einen Blick erfaßbar macht, bietet es als graphische Visualisierung von Größen und Prozessen ein besonders sprechendes Bild. Darwin hat in seinem seitenlangen Kommentar, der das Zusammenspiel der graphischen Elemente mit den Buchstaben und Zahlen zu erläutern suchte, keinen Zweifel daran gelassen, daß sein Diagramm als Bildsymbol seines gesamten Werkes zu begreifen sei,[128] und später hat er erläutert, daß, wenn die Darstellung der Geschichte einer alten Familie im Stammbaum nur mit Mühe dargestellt werden könne, ohne einen solchen aber hoffnungslos sei, dies umso mehr für die natürlichen Familien der Arten gelte, deren Entwicklung ohne Diagramm nicht zu

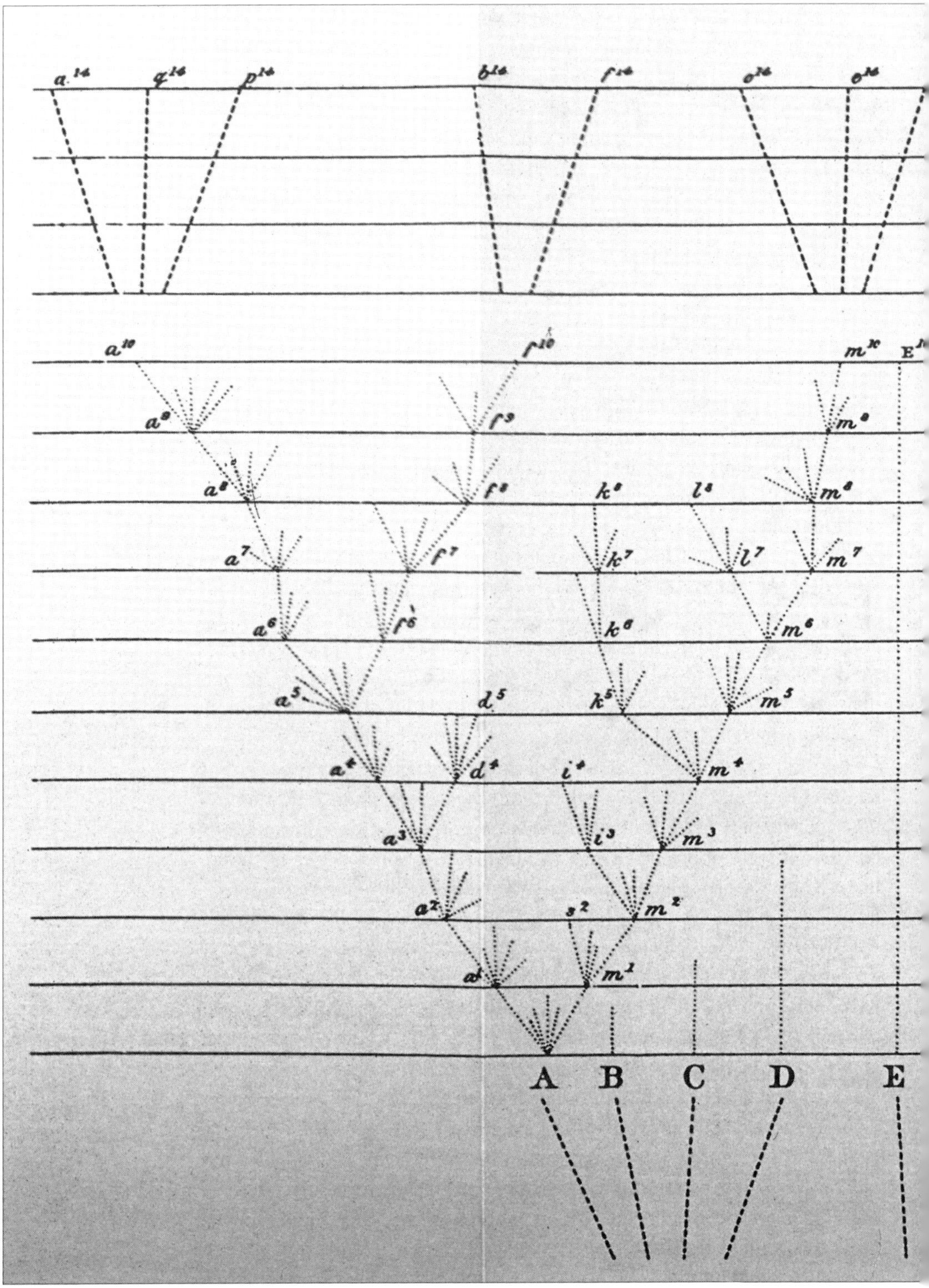
A
B
C
D
E

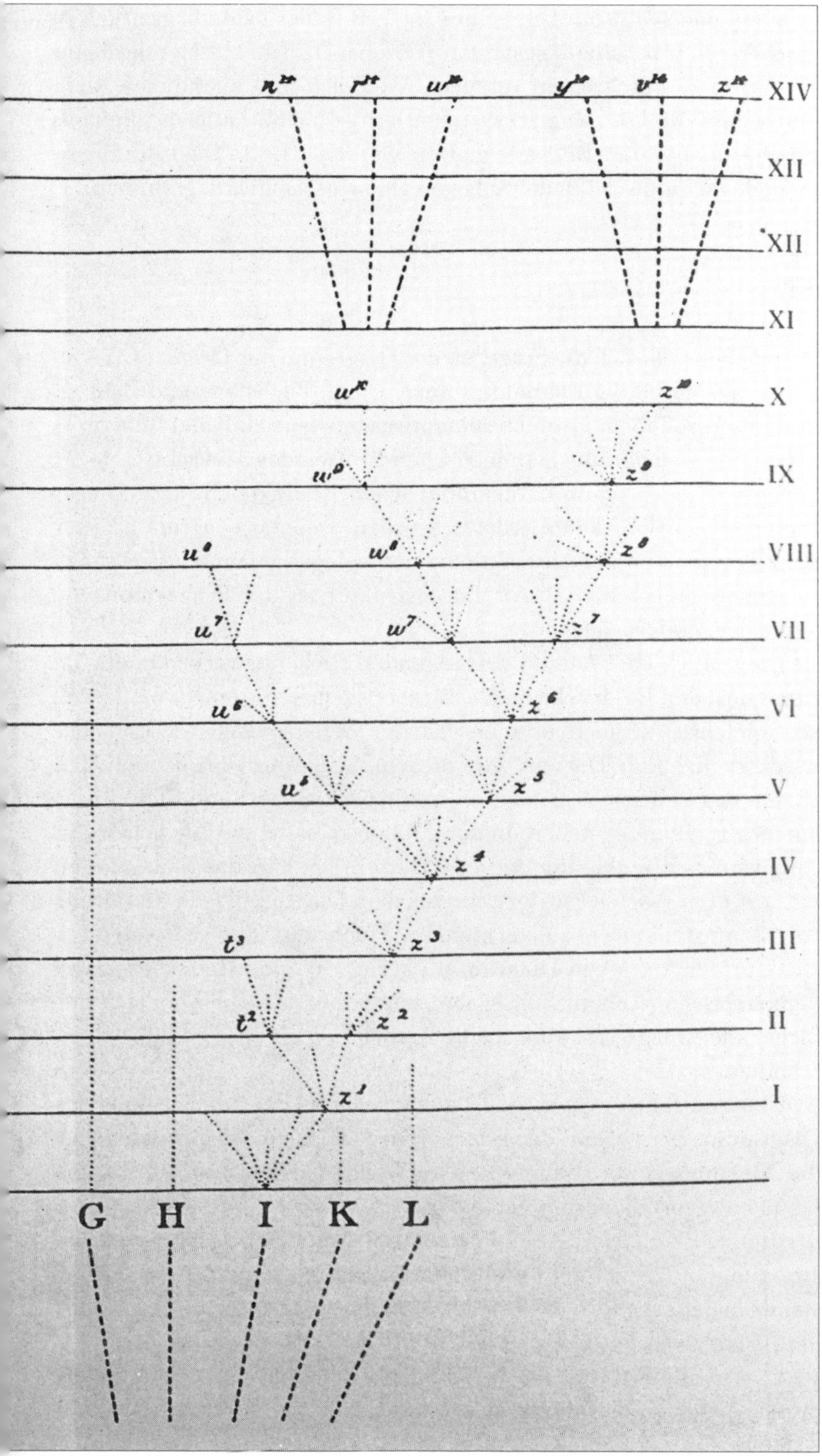

*Abb.34:
Charles Darwin,
Diagramm der
»Natural selection«,
1859*

erfassen und selbst mit Hilfe eines solchen Bildes kaum begreiflich zu machen sei.[129] In seinem gesamten Werk hat Darwin nur hier die Natur als Ganze zu beschreiben versucht. Weil sich ihre unendliche Variabilität dem direkten Zugriff systematisch entzieht, kann sie allein als Beschreibung eines Bildes begriffen werden. Hierin liegt die fundamentale methodische Bedeutung von Darwins Modelldiagrammen.

2. Die semantische Lücke

Damit aber stellt sich die Frage, ob das Diagramm der *Origin of Species* neben der durch die Elemente Punkt, Linie, Buchstabe und Zahl geleisteten Verbildlichung einen semantischen Überschuß birgt und ob es neben den »hochgradig geometrischen Kräften des Anwachsens jeder Spezies«[130] auch einen naturmimetischen Charakter besitzt. Dieses Problem ist bislang kaum erörtert worden, weil das Diagramm in seiner Zweigstruktur der Abstraktion eines wohlgeratenen Baumes genau zu entsprechen schien.[131] Als Baumstruktur ist das Diagramm eine Ikone der Moderne geworden.[132]

Die seitlich über A und I aufsteigenden Fächer erwecken in der Tat zumindest den Eindruck von Geäst, aber sie lassen weniger an Bäume als vielmehr an strauch- oder buschartige Gebilde denken. Damit aber wird fraglich, ob Darwin mit diesem Diagramm tatsächlich den »Baum des Lebens« visualisieren wollte oder ob Text und Bild in Konkurrenz zueinander stehen. In dem Manuskript der ausführlichen Fassung ist dies offenkundig der Fall. Darwin hat hier das Baummodell mit beredten Worten evoziert, um bei dem Diagramm jede Anmutung von Baumstrukturen zu vermeiden. Höchstens die Verzweigungsstruktur der Art A von Diagramm I könnte an ein arboreskes Motiv denken lassen (Abb. 31, S. 48), aber schon ihre von oben her sich auffächernde Anlage läßt eine solche Assoziation als eher willkürlich erscheinen.

Umso auffälliger wirkt, daß Darwin auch bei der Beschreibung des Diagramms der *Origin of Species* geradezu konsequent vermieden hat, die Metaphorik von Bäumen zu verwenden. Nicht mit einer Silbe nennt er, wie Wallace dies getan hatte, etwa Blätter, Zweige, Äste oder bestimmte Baumarten. Allein die neutrale Nennung von *branches*, Verzweigungen, die keinen unmittelbaren Bezug auf natürliche Gegenstände haben, sondern die geometrische Form der Aufspaltung benennen, ist verwendet. Darwin beschreibt das Diagramm *more geometrico*, also allein durch die Nutzung von Punkten und gepunkteten, durchbrochenen und durchgezogenen Linien sowie Buchstaben und Zahlen.

Dies zieht sich durch das gesamte Opus. *Branches* bedeutet bis auf eine Ausnahme[133] nicht natürliche Zweige, sondern geometrische Abzweigungen.[134] An einer markanten Stelle charakterisiert Darwin gar die Spezies einer Gruppe im Sinne der Tradition nicht als einen Baum, sondern als »eine lange und sich verzweigende Kette des Lebens.«[135] Eine weitere Passage, in der Darwin am Ende des Kapitels zur »Natürlichen Auslese« nochmals das Diagramm anspricht, erhöht die Verwirrung. Bei der Beschreibung der Untergruppen von Artklassen nennt er auch hier nicht Baumstrukturen mit Astsystemen, sondern nichtlineare Punktschwärme, »und diese um andere Punkte, und so weiter in nahezu endlosen Kreisen.«[136] Dies sei durch den Vierklang von Vererbung, Selektion, Aussterben und Differenzierung geschehen, »wie wir es in dem Diagramm illustriert gesehen haben.«[137] Der Leser reibt sich die Augen. Das Diagramm besitzt zwar Punkte, aber diese waren als Inkarnation jeweils tausend- oder millionenfacher Generationen und keinesfalls als Unterarten definiert worden, die sich als Punktschwärme gruppieren. Vermutlich hat Darwin bei seiner Äußerung, daß sich Arten um Punkte und wieder um Punkte in endlosen Kreisen scharen, an seine Kreissegmentmodelle (Abb.21, S.34 /Taf.IX, S.88 und Abb.24, S.37/Taf.XII,S.90), nicht aber an die Tafel der *Origin of Species* gedacht.

Wo immer sich Darwin in diesem Werk zu dem zugehörigen Diagramm geäußert hat, fehlt jeder Hinweis, daß es als Baummodell gedacht worden war. Daß diese Identifizierung dennoch zwingend zu gelten schien, lag an jenem Passus vom Ende des Kapitels über die »Natürliche Auslese«, in dem er den mit Stamm, Zweigen und Blättern versehenen natürlichen Baum mit literarisch gesteigerter Inbrunst als Modell des Lebenskampfes der Evolution beschrieben hat: »Die Affinitäten aller Wesen einer Klasse sind bisweilen durch einen großen Baum repräsentiert worden. Ich glaube, daß dieses Gleichnis weitgehend die Wahrheit ausspricht.«[138] Die Triebe wachsen nach allen Seiten aus, »um die Zweige und Äste der Umgebung in der großen Schlacht des Lebens zu übertrumpfen und zu töten.«[139] Während die grünen Zweige die noch im Lebenskampf befindlichen Arten darstellen, repräsentieren die verdorrten die ausgestorbenen Spezies. Die mächtigen Äste, die einstmals nur Triebe waren, ihren Kampf um das Überleben aber erfolgreich auf Kosten ihrer Nachbarn bestanden haben, erklären Darwin zufolge die geringe Zahl der Arten, aus denen die Fülle der Spezies hervorgeht. Kleinere Äste, die am unteren Teil der Stämme geblieben sind und bisweilen gar zwei Hauptstämme überbrücken, zeigen das zufällige Überdauern von Spezies in Umweltnischen, und die toten, vom Stamm abgefallenen Äste bilden die Fossilien früherer Arten. Wie beim Wachstum eines Baumes, so nimmt Darwin den emphatischen Passus der Manuskriptfassung teils wörtlich auf, wenn er von

»dem großen Baum des Lebens, der mit seinen toten und abgestorbenen Zweigen die Rinde der Erde füllt und die Oberfläche mit seinen unaufhörlich sich verzweigenden und wunderschönen Verästelungen bedeckt« spricht[140] Gegenüber dem Gerüst des Diagramms bietet dieses Bild des Baumes eine zeitliche Zusammenfassung der Dynamik des Lebenskampfes als Drama des Knospens, Wachsens, Verdrängens und Verdrängtwerdens, ein Konzentrat von Linearität und Wiederkehr.[141]

Wenn Darwin am Ende des zentralen Kapitels zur »Natürlichen Auslese« das Baummodell höchst inspiriert begründet, während er in den zuvor gegebenen Erläuterungen des Diagramms jedweden Hinweis auf diese Passage vermeidet, ergibt sich der Eindruck einer Kluft, die mehr ist als nur eine Leerstelle. Ein Grund könnte darin liegen, daß Darwins Sprachbild des Lebensbaumes die Vorgänge der gesamten Natur in makrobiologischer Sicht, das Diagramm aber die kleinen Schritte der Mikroevolution darzustellen suchte.[142] Dem widerspricht jedoch, daß die Linien und Punkte der Graphik ebenfalls makroevolutionäre Züge aufweisen. Zwar bilden die Gattungen am Boden einen Ausgangspunkt, um sich dann in die sprühende Vielfalt der Evolutionsschritte zu verlieren, aber am oberen Ende, wo sich die Variationen der Arten wiederum zu Gattungen durchsetzen, tauchen diese erneut auf. Das Diagramm zeigt daher keinesfalls nur einen minutiösen Ausschnitt, sondern einen gewaltigen, theoretisch in Millionen von Generationen ablaufenden Prozeß, der für die gesamte Natur gilt.

Damit ergibt sich das Phänomen, daß Darwin in der *Origin of Species* auf die Baummetapher nicht eingeht, sobald er das Diagramm beschreibt und im Gegenzug kein Wort über die Tafel verliert, sowie er die Baummetapher evoziert. Die Erklärung liegt in jenem Zwiespalt, in dem Darwin sich befand, als er gegen seine innere Überzeugung das Baummodell übernahm. Es drängt sich der Eindruck auf, daß sich in den Leerstellen zwischen Diagramm und Lebensbaum nochmals jener Konflikt äußert, dem Darwin durch Wallace' skeptische Einführung des Baummodells im Jahre 1855 ausgesetzt war.

3. Die Evolution als Koralle

Das Baummodell steht zum Diagramm keinesfalls in dem Verhältnis eines Gedankenbildes zur Illustration. Gleichwohl aber ist die zweigbeziehungsweise buschhafte Anlage der aus den Arten A und I heraustretenden Varianten nicht ohne naturmimetischen Hintersinn.

Er erschließt sich erneut über die sprühenden Fächer der sich ausdifferenzierenden Arten (Abb. 35). Diese Linien des Diagramms gelten der fossilen Überlieferung. Im Baummodell hatte Darwin die ausster-

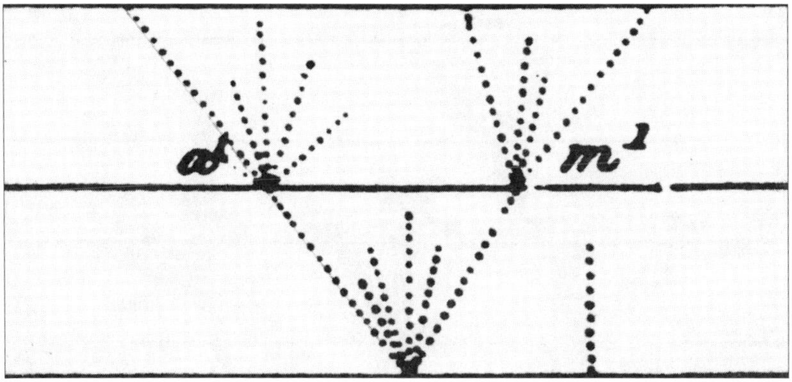

Abb. 35: Fächersystem, Ausschnitt aus Abb. 34, S. 52

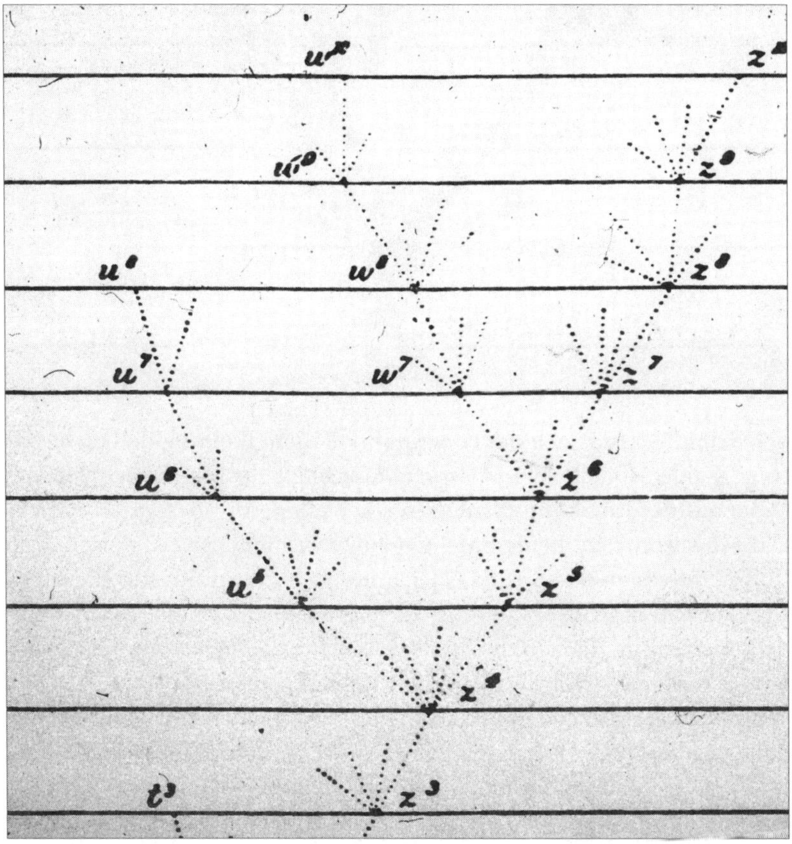

Abb. 36: Rechter Arm, Ausschnitt aus Abb. 34, S. 53

benden Arten als abgebrochene, auf dem Boden liegende Äste metaphorisiert, die in den Erdboden versinken und dort Fossilien bilden. Die toten, im Überlebenskampf unterlegenen Spezies liegen im Diagramm dagegen nicht auf dem Boden, sondern stehen nach oben, als wollten sie die Arme in Totenstarre in die Luft heben. In der Differenz dieser Konzepte, die fossilie Überlieferung bildhaft einzufassen, liegt

Abb.37 / Taf. XVI, S.93: Maßstabsgetreue Überlagerung der Amphiroa Orbignyana mit dem rechten Arm des Evolutionsdiagramms unter Einsetzung fehlender Glieder nach Porter 1987, Fig.4 (Collage: Birgit Schneider)

der Grund, warum sich das Diagramm mit dem Baummodell nicht verträgt. Beide Modelle formulieren unterschiedliche Metaphern, die einander aus der Logik ihrer Anlage ausschließen. Aus diesem Grund hat Darwin vermieden, beide miteinander zu verbinden.[143]

Die durchgängige Sicht des Diagramms als abstrahierter Baum beruht auf einem Mißverständnis. Es folgt vielmehr jenem Korallenmodell, in dem für Darwin die fossilen Reste in den versteinerten Astsystemen verkörpert waren. Wenn das Grundelement mit seinen fächerartig sich aufgliedernden Punktlinien (Abb. 35) ebenso wie das Modul der Zeichnung für die Langfassung der »Natürlichen Auslese« (Abb.31, S.48) auf das früheste Modell der Koralle zurückgeht (Abb.7, S.17), so entspringt dies keinem Zufall, sondern derselben Logik, mit der es etwa auch im Zentrum eines der Kreissegmentmodelle aufgetreten war (Abb.21, S.34 / Taf. IX, S.88 und Abb.23, S.36 / Taf. XI, S.90). Das Geäst des Diagramms metaphorisiert keine Baumzweige, sondern Korallenarme.

Unter den infrage kommenden Arten springt vor allem jenes Objekt ins Auge, das Darwin im Januar 1834 in Argentinien gesammelt und nach England überführt hatte (Abb.1, S.9 / Taf.I, S.81). Diese *Amphiroa*

Orbignyana weist eine auffällige Ähnlichkeit zum oberen Teil des rechten Diagrammarmes auf, der die Variationen der Spezies I betrifft (Abb. 36). Ihre erstaunliche Nähe erweist sich aber erst in der durch den Druck bedingten Verkehrung der Seiten. Die entsprechende Überlagerung der *Corallina* mit dem oberen Fächerteil der Spezies I ergibt eine über bloße Verwandtschaft hinausgehende Treue (Abb. 37 / Taf. XVI, S. 93). Natürlich kann die Punktlinie nicht den fleischigen und teils in parallelen Zügen abstehenden Armen dieses Gebildes vollgültig folgen, aber es müßte eine extreme Form des Zufalls walten, wenn die Winkel des schräg nach rechts gehenden Stammes z^2-z^4, des nach links abgehenden Astes u^5-u^8 und der nach rechts oben ausschlagenden Verlängerung des Stammes z^5-z^{10} ohne Kenntnis der *Amphiroa Orbignyana* angelegt worden wäre.

Der zwischen den beiden Hauptästen nach links oben gehende, von w^7 bis w^9 führende Zweig verstärkt dieses Phänomen durch seine Aufgabelung an der Spitze und den nach rechts abstehenden Strang; würde er leicht nach links gedreht, ergäbe sich eine neuerliche Überlagerung. Der Grund für diesen Unterschied der Ausrichtung liegt darin, daß dieser Strang vom Gesamtcorpus gelöst ist, der durch einen schmalen, über den unteren Stengel laufenden Klebestreifen befestigt wurde. Die Hauptarme sind direkt auf das Papier geklebt, und auch jene Stränge wie der Zweig w^7 bis w^9, bei denen der Kontakt zum übrigen Organismus verlorengegangen ist, sind durch Klebe fixiert. Daß bei der Fixierung der Winkel verrutscht sein kann, liegt auf der Hand. Der kurze mittlere, völlig isolierte Strang ist fortgelassen.

Als ein schlagendes Indiz für die Beziehung der *Amphiroa Orbignyana* zu diesem Diagrammarm kommt schließlich hinzu, daß ihr Maß von der höchsten Ausdehnung bis zum Ansatz des Stengels mit 6,3 cm genau mit dem Geäst des Diagramms übereinstimmt. Die Collage der Überlagerung fügt die *Corallina* mit dem Diagramm maßstabsgetreu zusammen, das sich solcherart wie eine abstrakte Quersumme des Gebildes ausweist.

Angesichts der Augenornamente der Schwungfedern des Argusfasans kam Darwin in den Sinn, daß, wenn diese einem zufälligen Spiel der Natur verdankt sein sollten, auch die Madonnen Raffaels von jungen Künstlern geschaffen sein können, die gar nicht die Absicht hatten, menschliche Figuren zu gestalten; ein solcher Zufall aber sei vollkommen unwahrscheinlich.[144] Eine derartige Gewißheit erreicht die Übereinstimmung der *Amphiroa Orbignyana* mit dem Diagrammgeäst vielleicht nicht, aber auch hier scheint ein Zufall nicht im Spiel. Darwin hat die *Amphiroa Orbignyana* offenbar als ein Beispiel jener korallenen Arten in Erinnerung behalten, die er seit 1837 für die Visualisierung der Evolution nutzte.

Ihn wird an diesem Organismus nicht nur angezogen haben, daß dessen rötlich versteinerter Körper jene Gestalt aufwies, die er als korallenes Gestaltungsprinzip immer wieder angewandt hatte, sondern daß die Arme aus Einzelgliedern beschaffen waren, die jenen Punktreihen ähnelten, mit denen er die Stämme der Korallen als Reihe von Fossilien charakterisiert hatte. Ob Darwin das Objekt als korallenähnliche Alge, als die sie Decaisne und Harvey bestimmt hatte, oder im Sinn seiner eigenen Bestimmung als kleine Koralle für den Aufbau des Diagrammgeästes nutzte, ist von zweitrangiger Bedeutung.[145] Nach Gestalt und Konsistenz verknüpfte es mit seinem Steinkörper und der punktförmigen Erscheinung seiner Elemente jene beiden Gestaltmerkmale, die Darwin mit der Koralle als Metapher der gesamten Natur verband.

Auf welche Weise Darwin die *Amphiroa Orbignyana* in seinem Diagramm abstrahierte, ist nicht mit Sicherheit zu erschließen. Er könnte eine Zeichnung dieser *Corallina* verwendet und auf jene Diagramm-Vorlage übertragen haben, die dann seitenverkehrt gedruckt wurde. Obwohl Darwin sein mangelndes zeichnerisches Vermögen bewußt war, hat er doch immer wieder versucht, das Gesammelte und Gesehene auf dem Papier festzuhalten. Dies berichtete er von den auf der Beagle-Reise gesammelten Exponaten,[146] und dies bekundete er später explizit mit Blick auf kleine Korallen und ähnliche Tiere. In einem Brief des Jahres 1846 bat er den Physiologen William Benjamin Carpenter (1813-1885), ihm die Anschrift von dessen naturwissenschaftlichem Zeichner zu übermitteln: »Die Objekte die ich hauptsächlich zeichnen lassen möchte, sind kleine Corallinae, Articulata und Mollusken und ihre verschiedenen Organe; bitte sagen Sie mir, ob Sie annehmen, daß Ihrem Künstler solche Dinge gut gelingen würden.«[147] Carpenter hat sich offenbar umgehend gemeldet, so daß Darwin dessen Zeichner, Samuel William Leonard (tätig ab circa 1840), engagieren konnte. Im Dezember 1846 berichtete er seinem Freund Hooker zufrieden: »Als ich mit Leonard zeichnete, war ich über die Erscheinung der Objekte sehr erfreut, besonders mit ihrem Anblick, wie sie sich durch die schwache Kraft eines guten zusammengesetzten Mikroskopes darbieten.«[148] An dieser Bemerkung ist vor allem bedeutsam, daß Darwin offenbar auch selbst versucht hat, die Formen unter anderem der *Corallinae* zeichnerisch festzuhalten. Im Fall der *Amphiroa Orbignyana*, die bereits nach Dublin gelangt war, könnte er eine Umrißzeichnung verwendet haben, zu der auch die ungeübteste Hand fähig gewesen wäre. Kaum ist anzunehmen, daß Darwin seine Kollektion abgegeben hätte, ohne diese zumindest für seine Erinnerung festgehalten zu haben. Aber dies muß Vermutung bleiben.

In jedem Fall kann kein Zweifel daran bestehen, daß Darwin bei der Beschreibung der Graphik bewußt mit keinem Wort auf das wenige Seiten später so aufwendig inszenierte Baummotiv Bezug nahm. Es illustrierte nicht etwa die Baummetapher, sondern es bot die korallene Alternative. Während das visuelle Diagramm als Abstraktion einer Koralle gebildet war, evozierte das Sprachbild die Metapher des Lebensbaumes. Beide, die Koralle und der Baum, spielten zusammen, gerade weil Darwin sie alternativ zur Wirkung brachte.

VI DIE NATURGESCHICHTE DER KORALLE

1. Die Kunst der Verwandlung

Darwins Wahl der Koralle als Modell der Evolution lag daran, daß sie die Fossilien in ihren versteinerten Stämmen und Armen zu metaphorisieren vermochte. Es kamen weitere Gründe hinzu, die den Stellenwert der Korallen in der überkommenen Naturphilosophie betrafen. Korallen hatten seit der Antike eine herausragende Bedeutung, weil sie die Welt als Ganze zu verkörpern vermochten. Unter der Oberfläche als weiche und schillernde Organismen erscheinend, härteten sie in der Sonne zu kostbarem Stein, und damit schienen sie mit dem Wasser und der Luft für zwei Sphären und Elemente bestimmt. Plinius (23–79 n.Chr.) hat sie in dieser Doppelbestimmung mehrfach erwähnt,[149] und Ovid (43 v.Chr.–17 n.Chr.) hat ihre Wandlungsfähigkeit in die immer wieder zitierten Verse gebracht: »Immer noch bleibt den Korallen das nämliche Wesen: sie werden / Hart, wenn die Luft sie berührt, und was in dem Meere Gezweig war, / Wird, enthoben dem Meer, zu starrem Gesteine gestaltet.«[150]

Weil sich Korallen solcherart als Verwandlungskünstler zeigten, wirkte in ihnen eine Art evolutionäres Urwissen. Da sie als Symbolwesen aller Metamorphosen galten, wurden an ihnen auch besonders kostbare Transformationen vollzogen. Sie gehörten zu den bevorzugten Studienobjekten der Mineralogie, wurden in bearbeiteter Form aber auch dem Bereich künstlerischer Schätze zugeordnet. Dort wurden sie mit anderen Gebilden wie etwa Nautilusschalen auf besonders kostbare Weise zusammengefügt.[151] Wer immer vormoderne Sammlungen der Natur und Kunst besuchte, stieß daher auf Korallen. Sie gehörten, wie es etwa das Frontispiz des Leipziger Museum Richterianum zeigt, zu den bevorzugten Exponaten, die etwa auf einem Frontispizbild als pars pro toto der gesamten Sammlung in den unteren Ecken des Bildausschnittes exponiert wurden (Abb. 38).[152] Sie waren das Zeichen des Überflusses der Künstlerin Natur, die sich dem Menschen durch Versteinerung in all ihrer Schönheit offenbarte. Ähnlich dem Regenbogen erschienen sie als Motto einer Natur, die mit den Menschen Frieden geschlossen hatte, und so erschien die Verkörperung des Wassers an der Decke des Studiolo im Palazzo Vecchio auf dem Fresko von Francesco Morandini (1544–1597) mit einem Füllhorn von Korallen (Abb. 39 / Taf. XVII, S. 94).[153]

Diese Bestimmung wurde auch durch die politische Ikonographie genutzt. Die Geste von Benvenuto Cellinis (1500–1571) Perseus, der das abgeschlagene Haupt der Medusa demonstrativ auf die Piazza della

Abb. 38: Museum Richterianum, Leipzig, Frontispiz, 1743

Signoria ausstreckt, ließ die Blutstropfen gemäß der Transformation des Blutes Christi wie zu Weintrauben erstarren (Abb. 40 / Taf. XVIII, S. 94). Hierin sahen die Zeitgenossen auch eine Anspielung an den Mythos, daß Meersträucher, auf welche Perseus das Haupt der Medusa gelegt habe, erstarrt seien. Die Nymphen hätten diese Prozedur wiederholt und die Samen dieser Sträucher im Meer verteilt, woraufhin jene Korallen entstanden seien, die sich den Menschen als kostbares Gestein anboten.[154] Cellini zieht im Sinne dieser Deutung die Enthauptung, die Ablage des Hauptes, die Erstarrung der pflanzlichen Unterlage, die systematische Nutzung dieser Prozedur und die korallene Selbstgabe der Natur zusammen, indem das schreckliche Blut der Medusa unmittelbar in eine Koralle transmutiert: als Zeichen des Friedens mit einer Natur, die dem Menschen zunächst feindlich gegenübersteht, um ihm dann Geschenke zu übermitteln. Durch diese Verwandlung wurde der bronzene Perseus, dessen martialischer Gestus jedem Feind der Alleinherrschaft den Tod verspricht, zum Ausweis eines »korallenen« Zeitalters des Friedens im Florenz der Medici.[155]

Abb. 39 / Taf. XVII, S. 94: Francesco Morandini, Das Wasser, Deckenfresko, ca. 1571, Florenz, Palazzo Vecchio, Studiolo des Francesco I de' Medici, Ausschnitt

Durch ihre Überbrückung von Wasser- und Erdreich boten Korallen ein Gegenbild zu den zerstörerischen Kräften der Natur. Shakespeare hat die in den Korallen verkörperte Wandlungskraft des Meeres mit der Überwindung des Todes verbunden; bei ihm werden die Knochen der Wasserleiche zu Korallen.[156] Dem Gemälde der *Korallenfischer* Pietro da Cortonas fehlt dieser düstere Ton, so daß die versöhnende Kraft der Koralle in das Zentrum rückt. Ein Tritone reicht einer Erdnymphe die Koralle als Symbol einer Vermählung zwischen Meer und Land (Abb. 41 / Taf. XIX, S. 95). Sie wird zum Zeichen des Friedens und des Einklangs zwischen den Menschen und einer Wassernatur, die im Luftreich nicht abstirbt, sondern sich in ein prachtvolles Präsent verwandelt.[157]

Abb. 40 / Taf. XVIII, S. 94: Benvenuto Cellini, Perseusgruppe, Bronze, 1558, Florenz, Loggia dei Lanzi, Ausschnitt

2. Der Korallenkult und die Aquarien

Das neunzehnte Jahrhundert hat diese Verehrung der Koralle auf besonders vielfältige Weise gesteigert. Zu den populärsten Büchern dieses Saeculums gehörte Carl Gottfried Wilhelm Vollmers (1797–1864) *Das Wunder der Urwelt. Eine populaire Darstellung der Geschichte der Schöpfung*, die mehr als fünfzig Auflagen erlebte und in zahlreiche

Abb. 41 / Taf. XIX, S. 95: Pietro da Cortona, Korallenfischer, Gemälde, um 1619–21, Zarendorf bei St. Petersburg (Zarskoje Selo), Nationalmuseum

Sprachen übersetzt wurde. Mit einer Vielzahl an Holzschnitten versehen, feierte das Buch die Kraft der schwachen, im Schatten des Meeres lebenden Korallen, die durch stetige Aktivitäten ganze Riffe und Berge erzeugt und durch ihre künstlerische Tätigkeit das Gesicht der Erde maßgeblich geprägt hätten.[158] In dieser Lobrede auf die unermüdlich arbeitenden, als niedere Wesen geringgeschätzten Polypen war eine politische Projektion umso eher mitgemeint, als diese offen ließen, ob sie als Individuen oder als ein Gesamttier aufzufassen seien. So hatte der Brockhaus von 1838 betont, daß man von den Korallenstöcken »nicht weiß, ob sie aus einer Anhäufung einer großen Anzahl einzelner Thiere bestehen, oder zusammen nur ein Thier bilden.«[159] Korallen boten sich daher als Symbol des vierten Standes wie auch der Demokratie von unten an.

Diese moderne Version der mit der Koralle verbundenen politischen Ikonographie durchzog Jules Michelets (1798–1874) im Jahre 1860 publiziertes Werk *La Mer*, das entscheidend dazu beitrug, die Furcht vor dem Ozean in eine Verehrung der großen, weichen Mutternatur des Meeres umzudeuten und geradezu einen Kult speziell der Korallen einzuleiten. In dem zentralen, der Koralle gewidmeten Kapitel wird Michelet nicht müde, sein Faible für die Schattenwesen auf die Korallen zu übertragen und ihr gemeinschaftliches Glück zu beschwören. Sie bergen diese Versprechung, weil sie an allen drei Naturreichen teilhaben: »Es gibt unbestimmte Wesen wie die Korallen, welche die drei Reiche sich gegenseitig streitig machen. Sie haben etwas vom Tierischen, sie haben etwas vom Mineralischen, und sie sind soeben dem Pflanzenreich zugeschlagen worden. Vielleicht ist hier tatsächlich der Punkt, an dem das Leben sich dunkel aus seinem steinernen Schlaf herauswindet, ohne sich noch von diesem schroffen Ausgangspunkt abzulösen«.[160] In dieser steinernen Basis der Koralle sieht Michelet eine gegen die Hybris der Menschen gerichtete natürliche Aufstiegskraft, die nicht an den Antagonismus der Arten appelliert, sondern an deren gemeinsame Basis. Ihm scheint, als wolle die Koralle »an die Fraternität der drei Reiche gemahnen, an das Recht auch des einfachsten Minerals, aufzusteigen und sich zu bewegen, an das tief im Schoß der Natur begründete Streben.«[161]

Neben diesem brüderlichen Impetus der Korallen ist nicht weniger eindrucksvoll, wie sie im beseelten Blick von Michelet als unermüdliche, emsige Arbeiter auftreten, die sich als Schöpfer riesiger Bauwerke erweisen. Als Architekten errichten sie in gemeinsamer Anstrengung erhabene Formen, die der imposanten Republik ihres Zusammenlebens entsprechen: »Inmitten dieser Phantasmagorie stellt – mit größerem Ernst – die Riffkoralle ihre weniger lebhaften Farben zur Schau. Ihre Schönheit liegt in der Form. / Sie liegt vor allem an dem Zusammenhang, an dem noblen Anblick der gemeinsam gebauten Stadt. Das einzelne Individuum ist bescheiden, die Republik dagegen imposant.«[162]

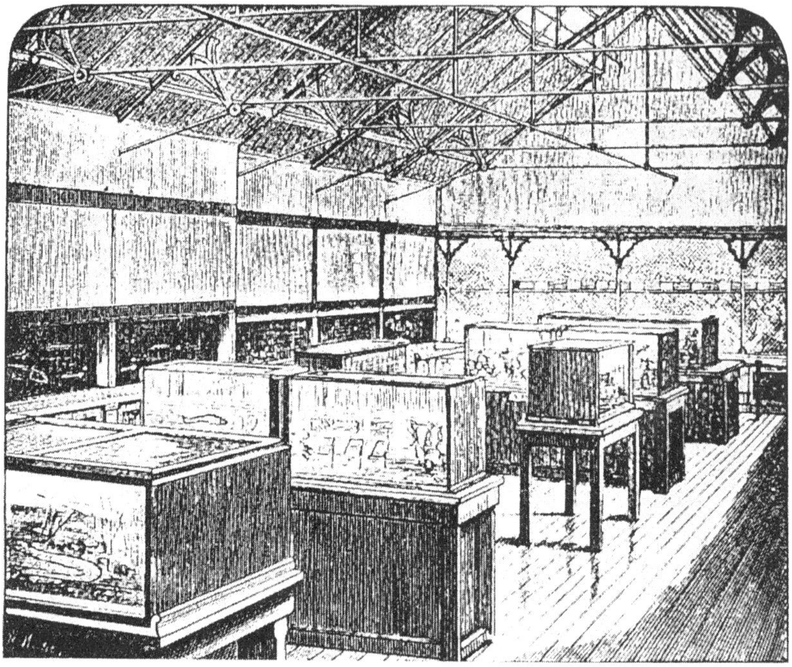

Abb. 42: Fish House, 1853, London, Zoological Garden, Regent's Park

Die Bauwerke der Korallenriffe sind auch deshalb so einzigartig, weil sie nicht, wie etwa die Waben der Bienen, als Kunstwerke gleichsam externalisiert wurden, sondern weil ihre Steine die abgestorbenen Körper der korallenen Künstler selbst sind, vergleichbar nur mehr den versteinerten Resten von Herkulaneum und Pompeij, aber ohne deren katastrophalen Entstehungsgrund. Die Überführung der Körper der Arbeiter in ihr eigenes Kunstwerk geschieht »ohne Gewalt und Katastrophe durch natürlichen Fortschritt, und es herrscht ein heiterer Frieden, eine Zartheit von besonderem Reiz. / Kein Bildhauer würde seine Bewunderung den Formen dieser herrlichen Kunst versagen«.[163]

Im neunzehnten Jahrhundert wurde diese Verehrung der Korallen noch dadurch gesteigert, daß sie Teil einer wahren Leidenschaft für Aquarien wurde. Vermutlich Mitte des achtzehnten Jahrhunderts erstmals in Deutschland erprobt und seither vor allem in Frankreich sowie in England und Schottland mit Blick auf die Sauberkeit des Wassers und die Haltbarkeit der Organismen getestet und verbessert, wurden Aquarien in der Mitte des neunzehnten Jahrhunderts in England (Abb. 42), Frankreich und Deutschland auch öffentlich aufgestellt.[164] In den Augen der staunenden Betrachter, die im Aquarium das Modell der Analyse des Lebendigen sahen, tat sich plötzlich eine in unerklärliche, mystische Farben getauchte Kleinwelt auf, die in ihrer abgekapselten Selbstgenügsamkeit eine Art narzißtischer Ästhetik zu folgen schien: sie wurde eines der Modelle der Kunst des Fin de siècle.[165]

Gustave Moreaus (1826–1898) im Jahre 1880 gemalte *Galatea* (Abb. 43 / Taf. XX, S. 95) imaginierte einen Höhepunkt der Verklärung der teils riesigen Aquarien, die aus Anlaß der Weltausstellungen gezeigt wurden (Abb. 44), und der Lebendkorallen.[166] Die Nereide thront wie in einem Glasbehälter, in das von links oben Polyphem mit seinem in der Stirn sitzenden Auge blickt. Sie sitzt auf einem auch mit Korallen bedeckten Unterwasserthron, und ihr Kopf ist von einer efeuumspielten Krone aus Korallen bedeckt, als wolle sie Michelets Feier der ozeanischen Urmutter bezeugen: »Ihre Erstgeborenen, die Riffkorallen, hätten (...) den Sockel des Thrones dargestellt und ihre Alabasterzweige, Mäander und Sterne dazu aufgeboten.«[167]

Abb. 43 / Taf. XX, S. 95: Gustave Moreau, Galatea, 1880, Paris, Musée D'Orsay

3. Darwins Bild der Koralle als Künstlerin

In diese Bedeutungsweite der Korallen, die im neunzehnten Jahrhundert als Symbol einer schöpferischen Natur, als Vorschein einer gelungenen Demokratie, aber auch als Zone des Unbewußten metaphorisiert

Abb. 44: L'Aquarium, Exposition Universelle, Paris 1867

Abb. 45: Korallenriff der Pfingstinsel, Buchillustration, Darwin 1842

wurden, fügt sich Darwins Diagramm der *Origin of Species* bruchlos ein, weil auch sein Modell die gesamte Natur und deren Transformationsprozesse im Auge hatte.

Für Darwins Argumentationsgeflecht ist von nicht zu überschätzender Bedeutung, daß er die naturphilosophische Strahlkraft der Koralle nicht nur in seinen Zeichnungen und im Diagramm, sondern, wie bereits das erste nach seiner Weltreise publizierte Werk offenbart, auch in seinen Schriften in geradezu literarischer Inbrunst betont hat. In seiner Abhandlung *The Structure and Distribution of Coral Reefs* hat Darwin seine umstürzende Überzeugung, daß sich die Triebkraft der Natur in Lebenskampf und Anpassung, Untergang und Triumph äußert, erstmals mit der Beobachtung verbunden, daß sich dieser Kampf in Zeugnissen von überwältigender Schönheit offenbart.[168] Die beiden Illustrationen der Pfingstinsel (Abb. 45) und der Insel Bolabola (Abb. 46) geben nicht ansatzweise die Hochstimmung wieder, von der Darwin berichtet: »Jedermann muß von Erstaunen ergriffen werden, wenn er zum ersten Mal diese ungeheuren Ringe von Korallen-Gestein erblickt, oft viele Stunden im Durchmesser, hier und da überragt von einer niedrigen grünen Insel mit blendend weißem Strand, an der Außenseite von der schäumenden Brandung des offenen Ozeans umwaschen und mit der Innenseite eine weite Fläche ruhigen Wassers umgebend, welches in Folge des Reflexes meistens hell, aber blaß grün ist.«[169]

Stärker noch ist Darwin von der mirakulös anmutenden Kraft der weichen Korallen beeindruckt: »Der Naturforscher wird dieses Erstaunen noch tiefer empfinden, nachdem er die weichen und beinahe gallertartigen Körper dieser dem Anschein nach bedeutungslosen Korallen-Polypen untersucht hat und wenn er erfährt, daß das solide Riff nur am äußeren Rand wächst, welcher Tag und Nacht von den brandenden Wellen eines nie zur Ruhe kommenden Ozeans gepeitscht wird. François Pyrard de Laval hatte Recht, als er im Jahre 1605 ausrief: ›Es ist ein Wunder, jedes dieser Atolle anzusehen, vollständig von einer großen

Abb. 46: Insel Bolabola mit Korallenriff, Buchillustration, Darwin 1842

Steinbank umgeben, die nirgends ein Anzeichen von Menschenwerk zeigt‹.«[170]

Schon der Hinweis auf Laval (1570–1621) belegt, daß sich Darwin nicht nur als der Zerstörer sah, sondern auch als Teil einer argumentativen Tradition. Dies wird noch deutlicher in seinem Bezug auf Alexander von Humboldt (1769–1859), dessen Beschreibungsvermögen er attestierte, in seiner »seltenen Verbindung von Sprachkunst und Wissenschaft« unerreichbar zu sein;[171] Humboldts Schriften seien ihm wie eine »zweite Sonne«.[172] Noch 1845 hat Darwin betont, daß er Humboldts Reisebericht in seiner Jugend wieder und wieder gelesen habe; dies habe seinem Leben die entscheidende Wende gegeben.[173]

Darwins Versuch, den englischen Stil der Zurückhaltung mit der literarischen Meisterschaft Humboldts zu verbinden, erreicht anläßlich der Begegnung mit dem Korallenriff ihre vielleicht höchste Inspiration. Indem Darwin die gegen die Riffe anrollende Ozeanbrandung »ein unbesiegbarer, unendlich mächtiger Feind zu sein« schien, schlug er von Beginn an einen dramatisch gesteigerten Ton an.[174] Angesichts dessen, daß die unwiderstehliche, geradezu erhabene Gewalt der Ozeanbrecher künstliche Inseln selbst aus Porphyr, Granit oder Quarz zertrümmern würde, rühmt Darwin die Kraft der lebendigen Korallen mit einer denkwürdigen Preisung, die an Vollmers Eloge auf die Korallen erinnert und Michelets Feier ihrer künstlerischen Kraft vorwegnimmt: »Mag der Orkan Tausende ungeheurer Bruchstücke losreißen: was hat das zu bedeuten gegenüber der wachsenden Arbeit von Myriaden kleiner Architekten, welche Tag und Nacht, Monat für Monat bei der Arbeit sind? Wir sehen hier, wie der weiche, gallertartige Körper eines Polypen durch die Wirksamkeit der Gesetze des Lebens die große mechanische Kraft der Wellen eines Ozeans besiegt, denen weder menschliche Kunst noch die unbelebten Werke der Natur erfolgreich widerstehen können.«[175]

Durch ihre unermüdliche Tätigkeit in winzigen, über lange Zeiträume reichenden, aber effektvollen Schritten haben die Korallen Darwin zufolge riesige Bauwerke errichtet, die eindrucksvoller seien als die größten antiken Ruinen.[176] Auch die kreisförmigen Riffe, die eine innere Riffnadel umhüllen, vergleicht Darwin, hierin fast gleichlautend mit Michelet, mit einem Kunstwerk: »Kann irgend etwas einzigartiger sein als diese Struktur? Sie ist analog zu der einer Lagune, aber mit einer Insel, die sich in der Mitte wie ein Bild in seinem Rahmen erhebt.«[177]

Der Kontrast zwischen den schwarzen Wogen des Ozeans und der hellen, fast unbewegten Glätte des vom Riff beschützten Wassers bedeutete für Darwin einen der großartigsten Eindrücke seiner gesamten Reise.[178] Auch für ihn bot die Koralle eine Befriedung des Konfliktes von Meeresgewalt und Land, und ihre in Jahrtausenden errichteten, aus einer Unzahl winziger Prozesse hervorgegangenen, kilometerlangen Bauwerke mögen ihm im Rückblick wie Symbolkathedralen der Evolution erschienen sein, deren noch so winzige biologische Motorik jedweder mechanischen Gewalt überlegen war.

Wenn für Darwin die Korallen und ihre im Lebenskampf erzeugten Produkte in den Bereich der Kunst gehören, so bewegt er sich in einer bis in das neunzehnte Jahrhundert gepflegten Tradition.[179] Er argumentiert auf jener Ebene, die von der kunsthistorischen Ikonologie als dritte Sinnschicht definiert worden ist, in der die verwendeten Bildmotive gezielt oder beiläufig, textlich bestimmbar oder nur atmosphärisch fluid mit der weiten Tradition ihrer Geltung verbunden werden.[180] Bei aller Kritik am Schichtenmodell der Ikonologie[181] bleibt sie als Versuch, Form und Kontext in ihrer eigenständigen Bestimmung aufeinander zu beziehen, tragfähig, und dies gilt auch und vor allem für Darwins korallene Inspiration.

Darwin hat alle Qualitäten, die in der vormodernen Naturphilosophie mit der Koralle verbunden wurden, in dieser mitgesehen. Sie war für ihn das Symbol alles Lebendigen, das, indem es den Konflikt von Meer und Land zu überwinden verstand, in seiner künstlerischen Tätigkeit den Menschen irdische Paradiese bereitete. Darwin hat seine Zerstörung des alttestamentlichen Schöpfungsmythos selbst als einen »Mord« empfunden.[182] Zu der so furchtbaren wie erhebenden Schlacht der Gattungen um ihr eigenes Überleben bot die Koralle, wie sie es seit Jahrhunderten getan hatte, eine Alternative.

Darwins *Origin of Species* ist 1858 begonnen worden, und zur selben Zeit hat Michelet seine Hymne an das Meer und die Korallen verfaßt. Beide Autoren gelten als Antipoden: während Michelet die Welt der alten Naturgeschichte noch einmal evoziert habe, sei sie durch Darwins Wissenschaft beendet worden. Dies trifft zu und ist doch eine Verkürzung. Durch die Koralle bleibt auch die Natur Darwins eine ikonologisch beseelte Welt.

VII DIE EVOLUTION UND DAS PROBLEM DER SCHÖNHEIT

1. Haeckels Eichen

Die korallenen Linienäste des Diagramms von *Origin of Species* dienten dem Zweck, die Geschichte der Arten mit ihrer überwältigenden Zahl ausgestorbener Spezies in horizontal geschichtete Zeitspannen einzutragen. Hierin hatte das Bildmodell seine innere Logik und seine visuelle Kraft.

Verleitet durch Darwins Hymne an den Evolutionsbaum, wurden jedoch die Korallenarme mit Baumästen verwechselt. Die Projektion der Metaphorik des Baumes auf die Astgebilde des Diagramms erzeugte unlösbare, bis heute virulente Probleme. Wie nicht zu klären war, auf welche Weise die Wurzeln des Baumes definiert werden konnten, so legte die Baumkrone eine Höherbewertung der dort repräsentierten Spezies nahe. Bereits im sechzehnten Jahrhundert hatte der Petrarca-Meister diese Vorstellung persifliert (Abb. 9, S. 19).

Bedenken, ob das Diagramm der *Origin of Species* ein solch hierarchisches Modell der Natur bieten würde, schwanden, als Ernst Haeckels (1834–1919) *Generelle Morphologie* von 1866 die Strich- und Punktlinien dieses Gebildes in die naturmimetische Form eichenhafter Bäume überführte (Abb. 47).[183] Haeckel hat diese auch rhetorisch sanktioniert: »Kein anderes Bild vermag uns die wahre Bedeutung, welche die verschiedenen Kategorien innerhalb eines jeden Stammes besitzen, so treffend, klar und anschaulich zu versinnlichen, als das Bild eines weit verzweigten Baumes, dessen Aeste und Zweige, nach verschiedenen Richtungen divergierend, sich zu verschiedenen Formen entwickelt haben.«[184]

Vorbilder dieser Vereichung hatte die Kunstgeschichte in Mengen geliefert. Wenn es zwei Fächer gab, die sich über Generationen hinweg methodisch angenähert hatten, so waren es Kunstgeschichte und Biologie.[185] Beide waren mit dem Problem der Bewältigung unübersehbarer Objektmengen konfrontiert, und beide hatten die morphologische Bestimmung von Formen in das Zentrum ihrer Bemühungen gestellt.

Weil die alttestamentliche Lehre, daß die Arten in sieben Tagen geschaffen worden seien, für die Kunstgeschichte keine Rolle spielte, hatte sie im Gegensatz zur Biologie bereits seit dem sechzehnten Jahrhundert Modelle evolutionärer Vorgänge entwickelt. Nachdem Filippo Baldinuccis (1625–1697) Kunstgeschichte von 1681 das Baummodell als Entwicklungsschema erfunden hatte,[186] wurden im frühen neunzehnten

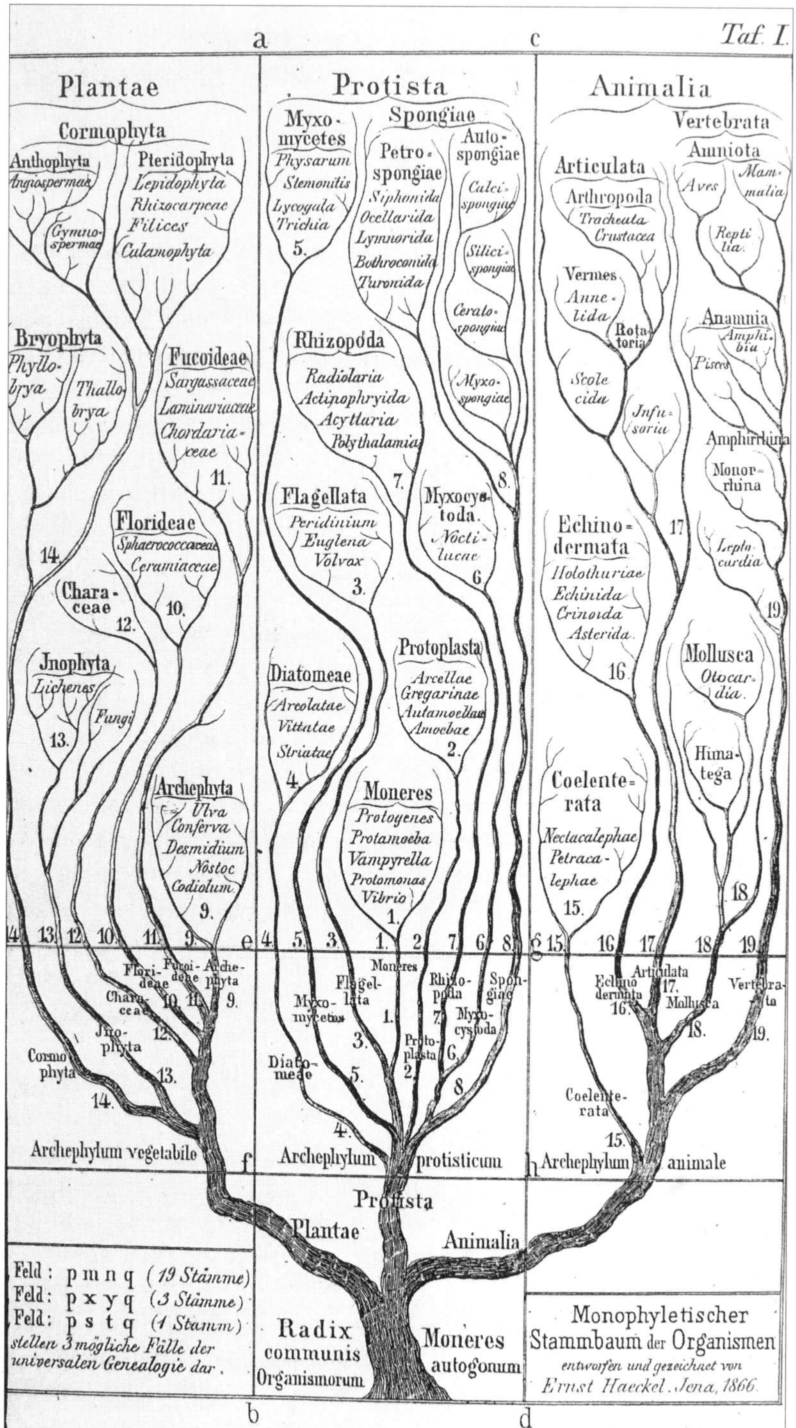

Abb. 47: Ernst Haeckel, Stammbaum der Organismen, Buchillustration, 1866

Jahrhundert baummimetische Modelle wie etwa Arcisse de Caumonts (1801–1873) Entwicklung der sakralen Architektur Frankreichs (Abb. 48) oder auch der deutschen Kunstgeschichte konzipiert, deren Eichen den Bäumen Haeckels wie Abziehbilder vorauslaufen.[187]

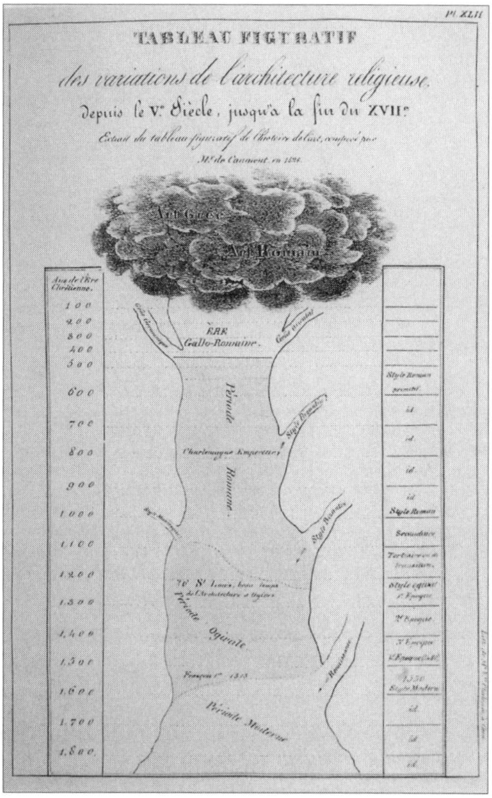

Abb. 48: *A. de Caumonts, Tableau figuratif des variations de l'architecture religieuse, 1831*

Ob Haeckel die Evolutionseichen der Kunstgeschichte bekannt waren, ist für die Bewertung seiner Baummetaphorik zweitrangig; zumindest kannte er die Stammbäume der Sprachentwicklung, die der Sprachforscher August Schleicher (1821–1868) im Sinne der früheren kunsthistorischen Gebilde seit 1860 aufgestellt und visualisiert hat.[188] Haeckel war keinesfalls naiv; vielmehr hat er betont, daß der natürlichen Baummetapher die Künstlichkeit der Abstraktion anhafte,[189] und die naturnachahmende Baumform der *Generellen Morphologie* hat er später nicht mehr benutzt. Dennoch fielen seine Bedenken weniger ins Gewicht als die Suggestivkraft seines Bildmodells, das er als Essenz all seiner Forschungen erachtete.[190]

Sein Sündenfall lag darin, daß er ein geisteswissenschaftliches Modell, das sich seiner Konstruktivität immer bewußt geblieben war, in die Natur zurückgab. Seine unverstellte Transformation des Naturmodells in eine mimetisch nachgebildete Form der Natur, vor der sich Darwins Punktdiagramm gehütet hatte, bedeutete ein methodologisches Desaster, indem das nach oben strebende Telos des Baumes nun suggestiv verbindlich war. [191]

2. *Die Grenzen der Bäume*

Obwohl zahlreiche Kritiker wie Stephen Jay Gould das Baummotiv abgelehnt haben, hat es in der Biologie seinen leitmotivischen Stellenwert bewahrt; es ist die Ikone darwinistischer Orthodoxie geblieben.[192] Selbst Goulds Alternativkonzept des Wechsels von langen Zeiten der Stabilität und abrupten Sprüngen bildete einen baumhaften Antipoden,[193] und die *Iconography of an Expectation*, mit der er in seinem vielleicht berühmtesten Buch *Wonderful Life. The Burgess Shale and the Nature of History* die verschiedenen Visualisierungsmöglichkeiten der Evolution

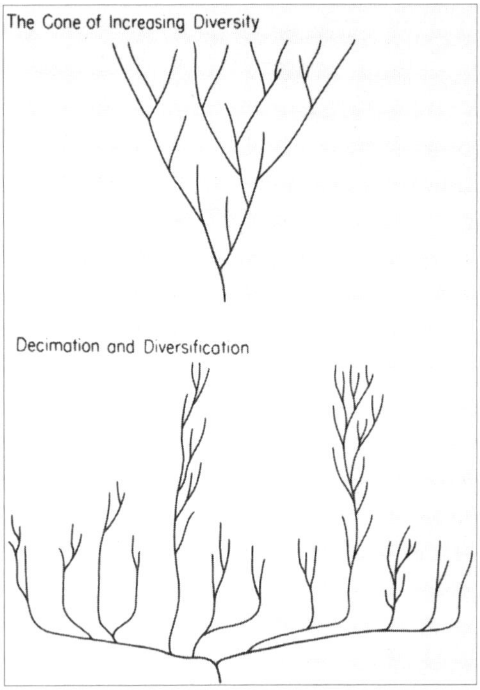

Abb. 49: Stephen Jay Gould, Diagramm der sprunghaften Veränderung, Buchillustration, 2000

durchspielte, verfing sich ebenfalls in Zweigmodellen (Abb. 49).[194] Auch der Kladismus, der angesichts der Unmöglichkeit, die Evolution zu beobachten und damit den Regeln naturwissenschaftlicher Beweise zu unterziehen, die Ähnlichkeit der Organismen zum alleinigen Maßstab der Darstellbarkeit erhoben hat, ist mit seinem Bestreben, den Stammbaum durch die Zweige der Verwandtschaft zu ersetzen, zu nah bei seinem Antipoden geblieben, als daß die Idee des Baumes hätte überwunden werden können.[195]

So verwundert es nicht, wenn das Titelbild der *Science*-Ausgabe vom Juni 2003 eine Naturform der Haeckelschen Eiche zeigte, auf deren rechte Stammgabel der Titel *Tree of Life* projiziert war (Abb. 50), und wenn das Editorial resümierte: »Vor mehr als hundert Jahren gestaltete Charles Darwin die Beziehungen der Organismen in Raum und Zeit. Was herauskam war der Baum des Lebens, ein Eckstein der Evolutionstheorie wie auch der Klassifikation von Organismen, der das Potential hat, die gesamte Biologie zu begreifen.«[196]

Von den 800 000 bis 1 Million bekannten Arten sind bislang etwa 80 000 in eine Baumstruktur eingetragen worden. Gemessen an den vermuteten circa 30 Millionen existierenden Arten ist dies eine eher geringe Zahl, die jedoch bereits jetzt die systembedingten Schwächen potenziert. Der *Tree of Life* ist in jeder Version das Produkt einer Entscheidung für die Hegemonie entweder der fossilen Reste, der morphologischen Beobachtungen, der Molekularanalyse oder der Genforschung. Gerade die genetische Information korrelliert aber oftmals nicht mit der Erscheinung der Spezies, so daß sich die Informationen wechselseitig als platonische Trugbilder bewerten. Es wird kaum möglich sein, Evolutionsbäume zu errichten, die nicht auch ein Schattengeäst unter, über oder neben sich haben. Das Dilemma zeugt sich einerseits in *Supertrees*, die zu eher abstrakten Modellen von Modellen werden, oder auch in blumenkohlartig durchwucherten Gebilden, die keinesfalls mehr an Bäume erinnern.[197]

Bei allen nach oben wandernden Bäumen bleibt das Problem, daß die wachsenden Differenzierungen die Wipfel immer stärker in die Breite treiben, was die unteren Seitenäste, die zunächst als nahe verwandt definiert wurden, in riesigen Abständen auseinandertreten läßt. Aus diesem Grund ist immer wieder versucht worden, in der Tradition von Agassiz (Abb. 22, S. 35 / Taf. X, S. 89) von einem Kreismittelpunkt aus die Aufspaltungen der Arten nach oben wachsen zu lassen, so daß sich nach außen hin mehr Raum ergab als in der inneren Zone des Ausgangspunktes.[198] Damit aber stellt sich angesichts der fossilen Lücken und der tiefen Einschnitte, welche die erdgeschichtlichen Katastrophen bedeutet haben, das schier unüberwindliche Problem, einen einzigen Ursprung definieren zu müssen.

Im Verlangen nach Klarheit wird jedoch der Problemdruck entschärft, der auf jedweder Form der Systematisierung lastet, und damit wird die großartige Tradition einer um Bilder der Natur ringenden Biologie verarmt. Damit verschwindet auch ihr höchst produktives Dilemma, einerseits auf Bilder angewiesen zu sein und andererseits zu wissen, daß diese ein Eigenleben führen. Modellgebilde wie der Busch und die Koralle hatten dagegen gerade darin ihre bezwingende Kraft, daß sie die Selbstgewißheit aller künstlichen Ordnungen verweigerten.

3. Das Auge des Überflusses

Darwin hat seine Dynamisierung der Naturgeschichte in ein diagrammatisches Bild gebracht, in dem das Gespinst des *Struggle for Life* auf einen Blick erkennbar wurde. Der durch das Zusammenspiel von Punkt und Linie, Buchstabe und Ziffer symbolisierte Überlebenskampf der Arten wurde zum Medium der Explikation des Systems *an sich*. Der Gedanke war ohne das Bild nicht zu begreifen, und der Bildkommentar

Abb. 50: Titelbild von Science, Bd. 2003, Nr. 5626, (Ausschnitt)

erlaubte eine analytische Präzision, die der Primärstoff der Natur in seiner unbegrenzbaren Variabilität nicht zu bieten vermochte. Das Bild wurde zur wahren Natur der Evolution. Nicht als Naturbeschreibung, sondern als Kommentar zu einem Diagramm hat Darwin die Essenz seiner Evolutionstheorie formuliert.

Um seine *Origin of Species* fertigzustellen, hat sich Darwin durch zwei Jahrzehnte schwerer Bedenken kämpfen müssen. Das Diagramm trägt die Spur seines Selbstzweifels, und gerade hierin ist es überzeugend. Es verdankt seine Qualität, aber auch seine Problematik dem Umstand, daß Bilder niemals vollständig mit sprachlich geformten Gedanken zur Deckung zu bringen sind. In der Kluft, daß Darwin im Diagrammkommentar kein Wort über das Baummotiv und in der Aufrufung des Lebensbaumes keine Silbe über das Diagramm verlor, zeigt sich der komplexe, bisweilen auch verstörende Sachverhalt, daß der Mensch durch Bilder lebt, die andere Sphären repräsentieren als die Sprache erreicht. Sie bergen Gedanken, in denen sich die Grenzen des Diskursiven ausloten. Es handelt sich um ein zentrales Problem einer Erkenntniskritik, die zu einer Grenzerweiterung führen kann, wenn diese Grenzbestimmung erkannt ist.

Wer Darwins Umgang mit der Koralle betrachtet, wird den gegenwärtigen Kampf zwischen Evolutionisten und Kreationisten als Produkt einer postdarwinschen Verarmung sehen können, zu der auch die Evolutionsbiologie selbst ihren Teil beitrug, indem sie vergessen ließ, daß für Darwin Objekte wie die Korallen als Modell der gesamten Natur zu einer ästhetisch verzauberten Welt gehörten.

Erst in jüngerer Zeit ist anerkannt worden, daß hierin für Darwin keineswegs eine Schwächung, sondern die Rettung seiner Naturtheorie lag. Denn das Phänomen, daß die Natur von Gebilden geradezu überbordet, die sich für das *Survival of the fittest* gerade nicht eignen, war durch einen umfassenden, dem Lebenskampf vorgelagerten Begriff von Schönheit zu retten, der die Partnerwahl steuerte. Die Wahl von Partnern auf Grund der Wohlgefälligkeit ihrer Formen hatte zu gezielten Vermehrungspraktiken geführt, die jene Körperteile favorisierten, derentwegen die Partnerwahl stattgefunden hatte.

Das Symbol all dieser Überlegungen waren für Darwin das so scheinbar überflüssige wie unübertreffbar schöne Auge des Pfauenschwanzes, mit dem er sich seit dem Jahre 1838 beschäftigt hat,[199] wie auch das Ornamentauge auf der Schwingenfeder des Argusfasans.[200] Darwin hat diese Wunderwerke einer ornamentierenden Natur an zentraler Stelle der *Selection in Relation to Sex*, jenem zweiten Teil seines großen Werkes zur Abstammung des Menschen, aus dem Prinzip der Schönheit entwickelt, die als Antrieb der sexuellen Auslese alle anderen Antriebe der Verwandlung der Arten aussteche.[201] Diese Theorie der

Sexual Selection hat bis zum Ende des letzten Jahrhunderts selbst die überzeugtesten Darwinianer abgestoßen.[202] Es scheint umso bezeichnender, wenn in den letzten Jahren in verschiedenen Disziplinen versucht wurde, das auswählende Auge als zweite Komponente der Darwinschen Evolutionstheorie zu rehabilitieren. Während in der Biologie jedoch trotz aller beeindruckenden Versuche, sich der Frage einer Ästhetik der Tiere zu stellen, das seit Darwins Zeiten auftretende Bestreben spürbar geblieben ist, eine solche in den Rahmen des *Survival of the fittest* oder zumindest des Nutzens und der angemessenen, also »ehrlichen« Selbstdarstellung zurückzubinden,[203] haben Vertreter der Literaturwissenschaft, Ästhetik und Kunstgeschichte versucht, im Sinne einer strikten Lesart von Darwins Privilegierung des weiblichen Auges dieses Sinnesinstrument als jenen Agenten der Evolution zu bestärken, der nicht nur Zwecke kennt, sondern auch die anarchische Kraft des Ornaments und des schöpferischen Überflusses.[204] In diesem Prinzip liegen auch jene Evolutionsmodelle begründet, die Darwin als Alternative zum Baummodell imaginiert hat.

Die Ikonologie der *Amphiroa Orbignyana* offenbart, daß ihre Bedeutung als Koralle, die Darwin in ihr sah, jene der Alge, die sie tatsächlich ist, immens übertrifft. Aber auch wenn er die Überführung der *Corallinae* in das Reich der Seepflanzen gekannt hätte, wäre dieses Gebilde für Darwin von metaphorischem Interesse gewesen. Eine nicht datierbare Äußerung, die erneut die Metapher des Baumes in Frage stellt, favorisiert den Seetang. »Der Baum ist kein gutes Bild«, so lautet Darwins lapidare Bemerkung, die nochmals eine Alternative unter Wasser findet: »endloses Stück sich teilenden Seetangs.«[205] Darwin hatte, wie es ein Eintrag im Notizbuch M zeigt, ein besonderes Faible für sich bewegende Tang- und Algenformen. In einem Abschnitt, in dem er sich über die Definition von Naturschönheit Gedanken macht, spricht er von der »Schönheit in Rhythmus und Symmetrie von Formen; die Schönheit von einigen, wie es die Norfolk-Insel-Kiefer zeigt, oder Seetang.«[206] Tangmodelle von Darwins Hand sind nicht überliefert, aber manche seiner Korallenskizzen (Abb. 14 / Taf. VI, S. 85; Abb. 18 / Taf. VIII, S. 87; Abb. 24 / Taf. XII, S. 90; Abb. 25 / Taf. XIII, S. 91) hatten mit ihren nach allen Seiten sich bewegenden Wucherungen bereits ins Spiel gebracht, was ihn auf das Bild des Seetangs kommen ließ.

Der Vorschlag, Objekte wie die *Amphiroa Orbignyana* als Kunstwerk zu betrachten, sobald sie durch Forscher herausgehoben und in Sammlungen überführt werden, hatte das Ziel, die kulturelle Kraft auch von Naturgebilden zu betonen. Gegenüber dem Rhizom, mit dem sie die Aversion gegen Bäume und Genealogien teilen,[207] bilden die Naturmodelle des Netzes, des Busches, der Koralle und des Seetangs Vorbilder, die in ihrer Radikalität kaum je wieder erreicht wurden. Sie repräsentieren die Suche nach jener Variabilität der Natur, die sich in einer allen Ordnungsvorstellungen widersetzenden Anarchie äußerte. Daß sich diese nicht nach den Kriterien des Aufstiegs und der Zielbestimmung richten, verneint eine sozialdarwinistisch verengte Teleologie der »fittest« ebenso wie die kreationistische Gewißheit eines zu Grunde liegenden Planes.[208]

Darwins »Schönheit und unendliche Komplexität« der Evolution, mit der das zentrale Kapitel endet, wie auch die »Grandeur« und die »endlosen höchst wunderschönen und höchst wundervollen Formen«, mit der die *Conclusion* der *Origin of Species* schließt, sind mehr als nur eine Floskel.[209] Sie beerben vielmehr die Vorstellung, daß die Schöpfung das Werk der Natur als Künstlerin gewesen sei. Über die romantische Naturphilosophie reicht dieses Bild zurück bis in die Antike.[210]

Wie kein anderer Organismus bekräftigen die Korallen Darwins Überzeugung, daß dem großen Schlachten der natürlichen Auslese eine ästhetische Komponente entgegenläuft, welche die Schönheit aus den erhabenen Produkten schwacher Körper und dem Überfluß der im Lebenskampf aktivierten Energien zieht (Abb. 51 / Taf. XXI, S. 96). Sein Blick auf die Schönheit der Natur offenbart seinen Januskopf als Vernichter und Vollender der Naturphilosophie. Insofern Darwin als der scheinbar voraussetzungslose Revolutionär zum populären »Klassiker« geworden ist, wird diese Wahrung der Tradition zum wahrhaft umwälzenden Akt.

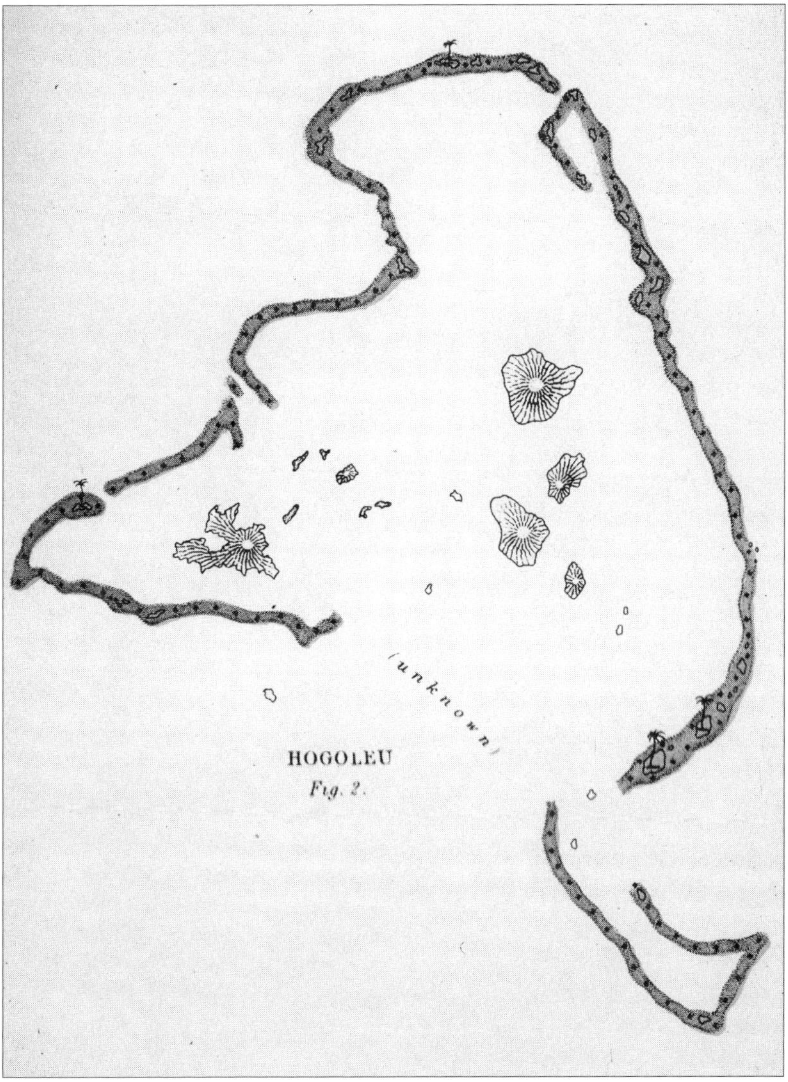

Abb. 51/ Taf. XXI, S. 96: Korallenriff, Buchillustration, Darwin, 1842

Tafel I,
vgl. Abb. 1, S. 9

oben: *Tafel II*, *vgl. Abb.10, S.21*

unten: *Tafel III*, *vgl. Abb.11, S.22*

Tafel IV,
vgl. Abb. 12, S. 22

Tafel V,
vgl. Abb. 13, S. 22

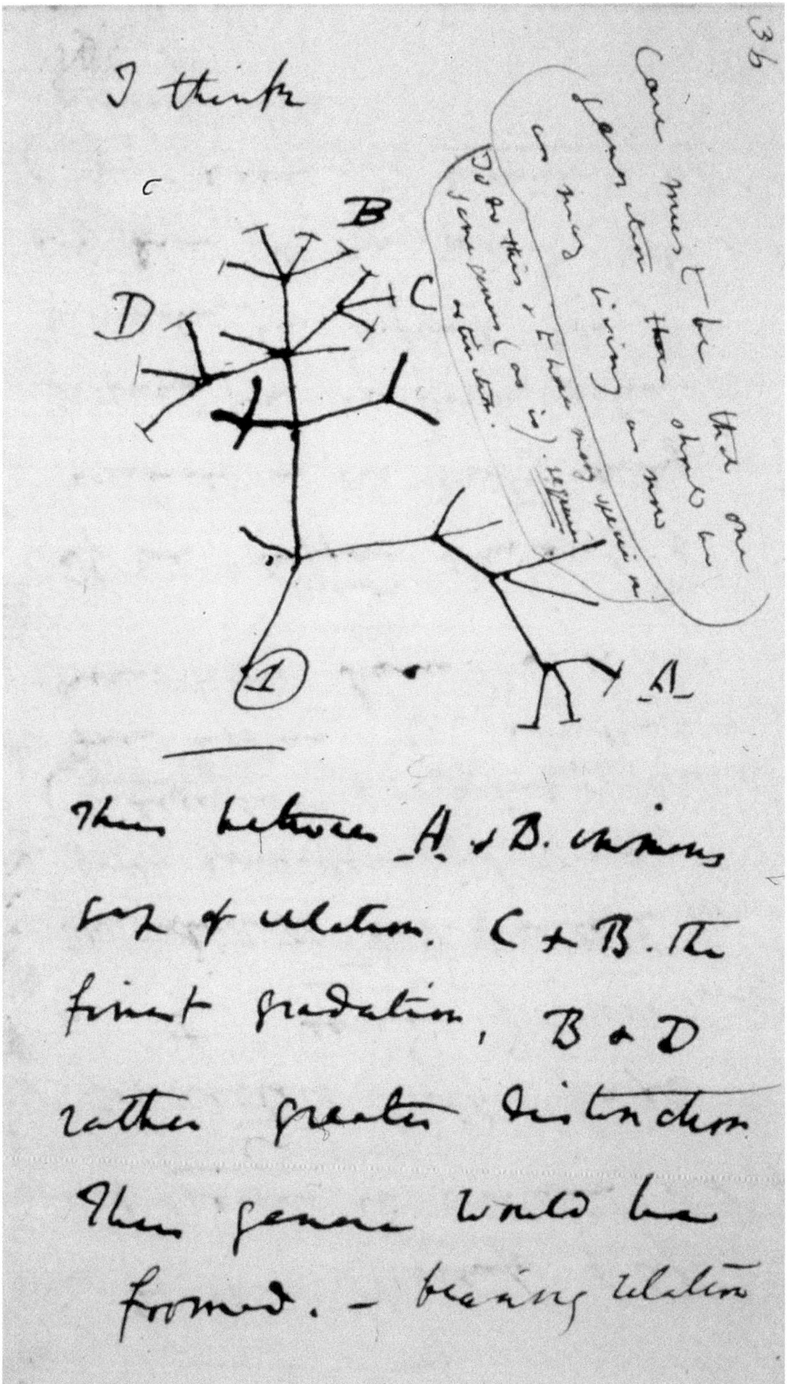

36

I think

Case must be that one generation then should be as many living as now

To do this & to have many species in same genus (as is). requires extinction.

C

B

C

D

1

A

Thus between A & B. immens gap of relation. C & B. the finest gradation, B & D rather greater distinction. Thus genera would be formed. — bearing relation

Tafel VI,
vgl. Abb. 14, S. 23

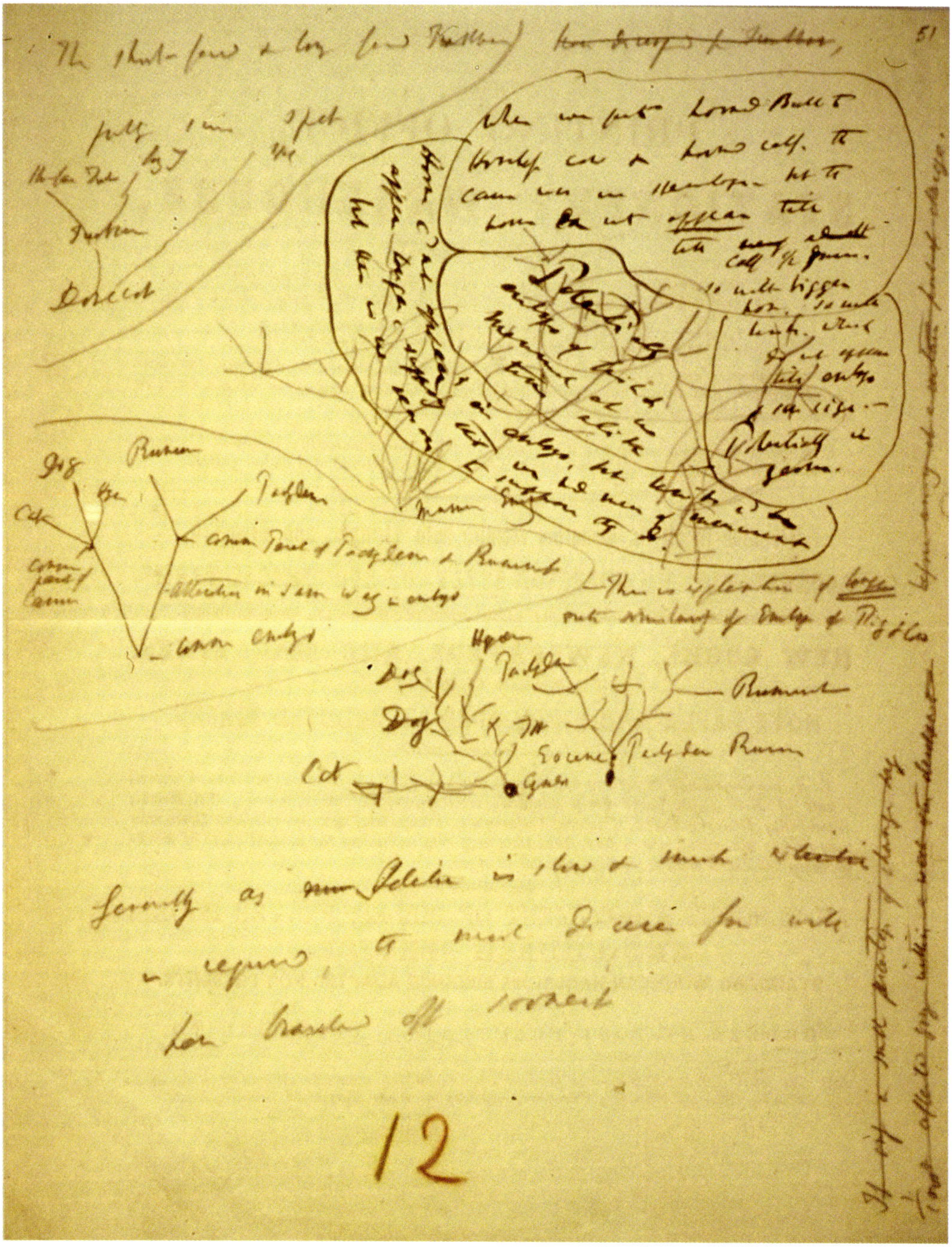

Tafel VII,
vgl. Abb. 17, S. 26

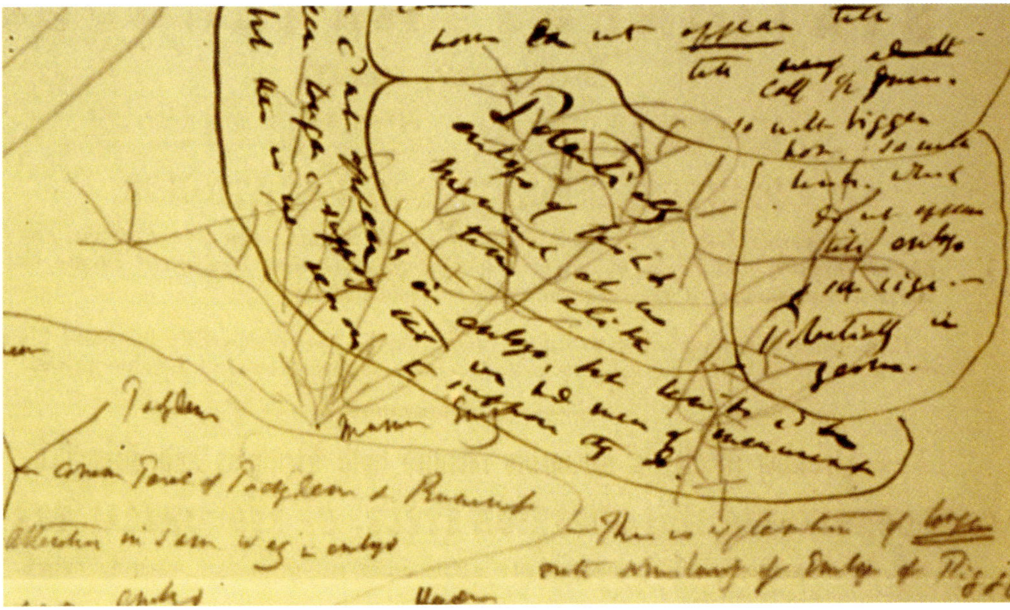

Tafel VIII,
vgl. Abb. 18, Seite 27

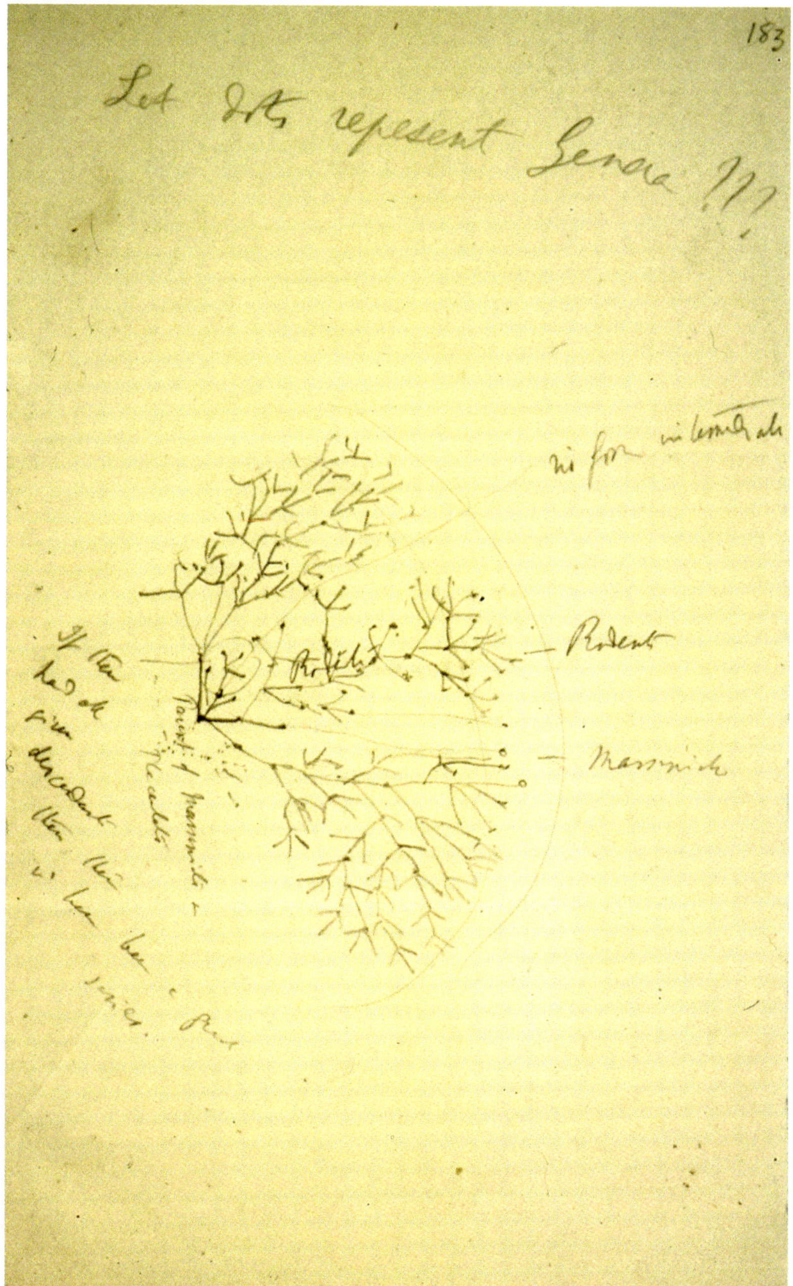

Tafel IX,
vgl. Abb. 21, S.34

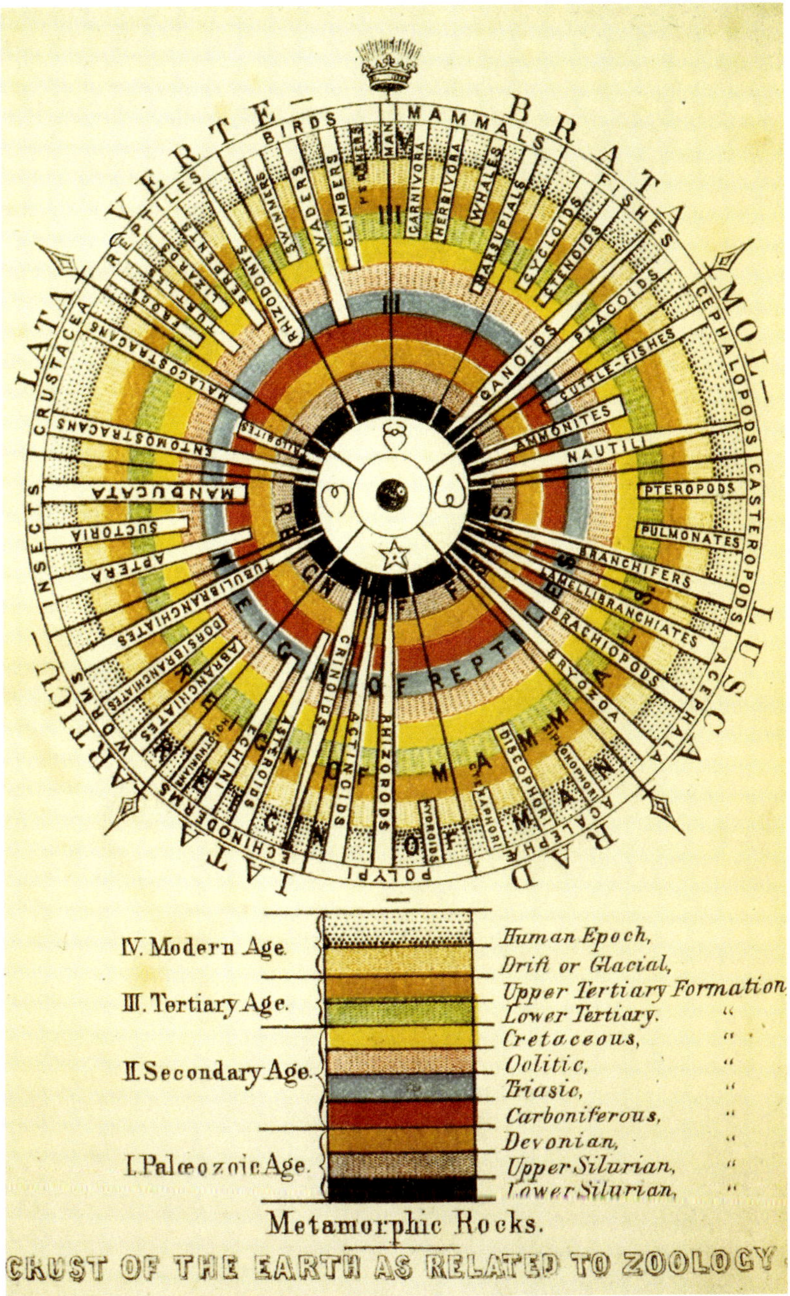

Tafel X,
vgl. Abb. 22, S. 35

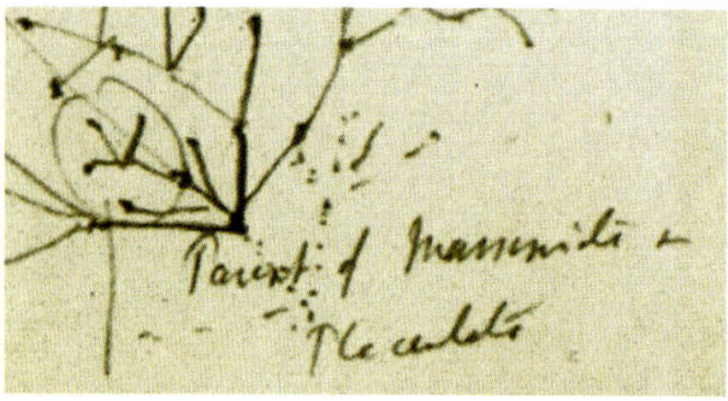

oben: Tafel XI, vgl. Abb. 21, S. 36

rechts: Tafel XII, vgl. Abb. 24, S. 37

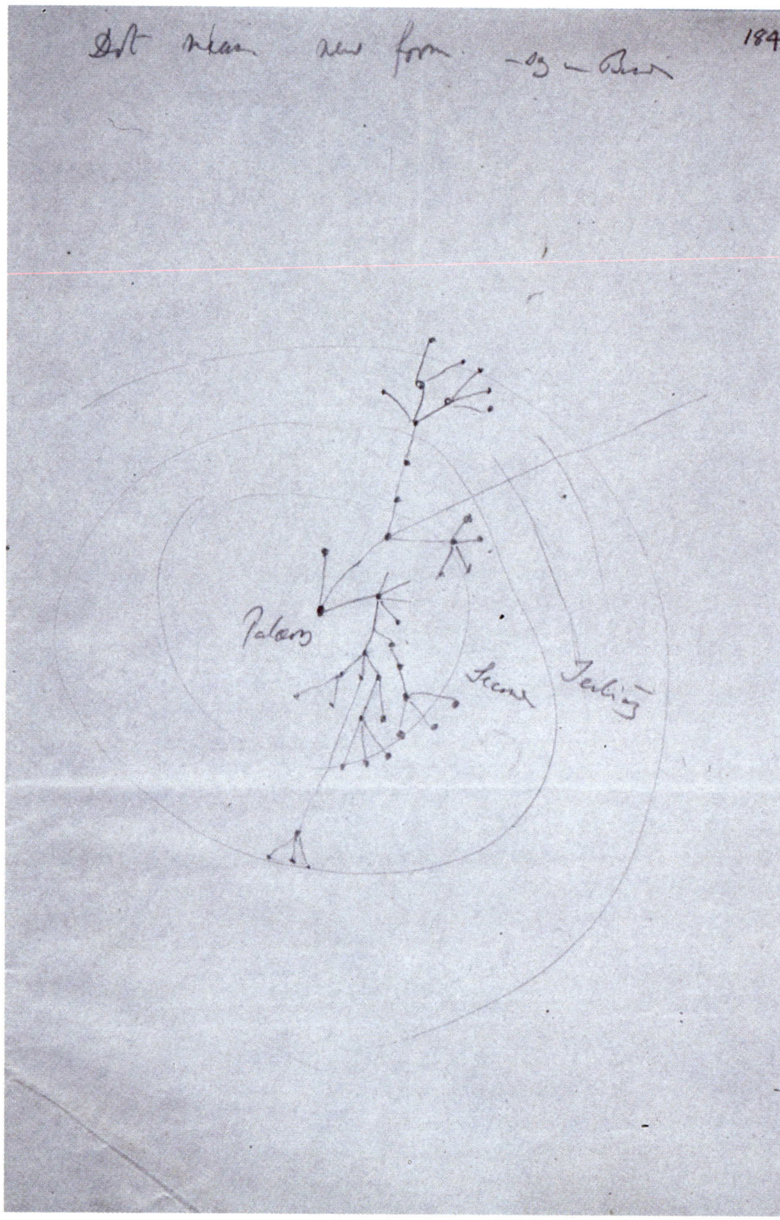

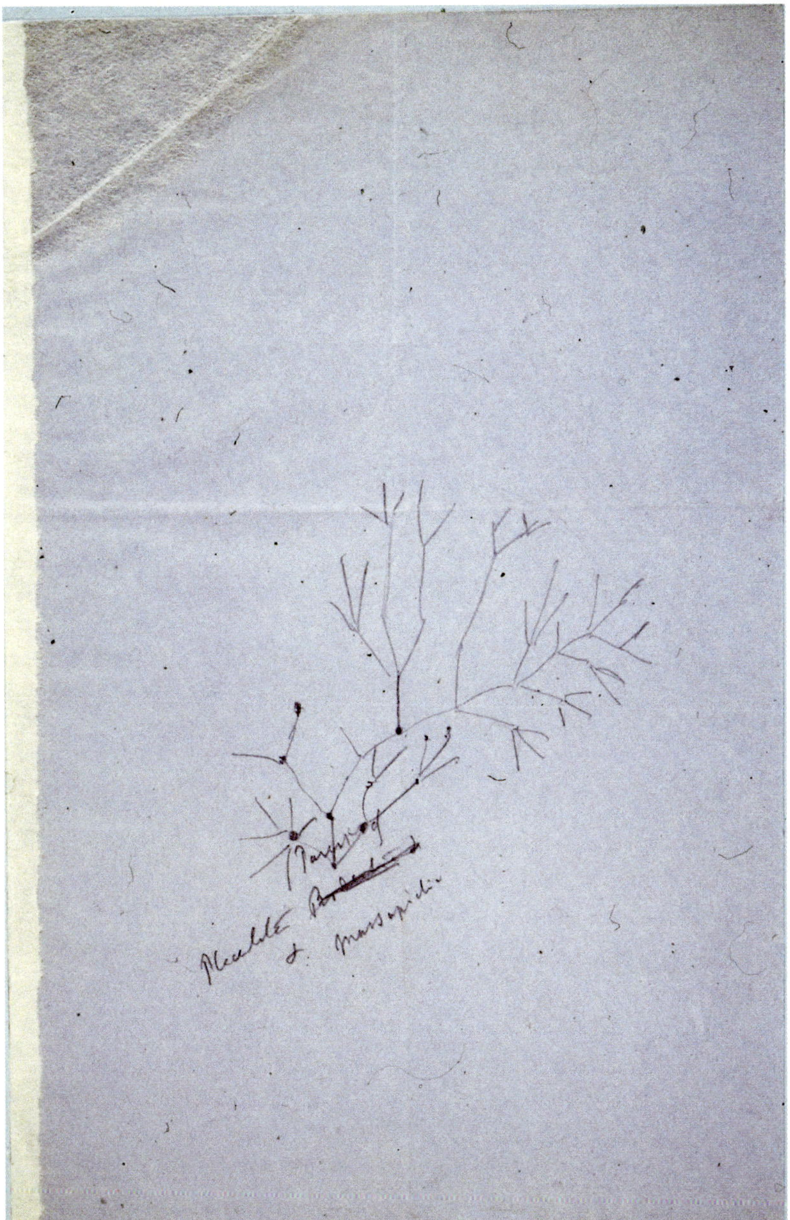

Tafel XIII,
vgl. Abb. 25, S. 38

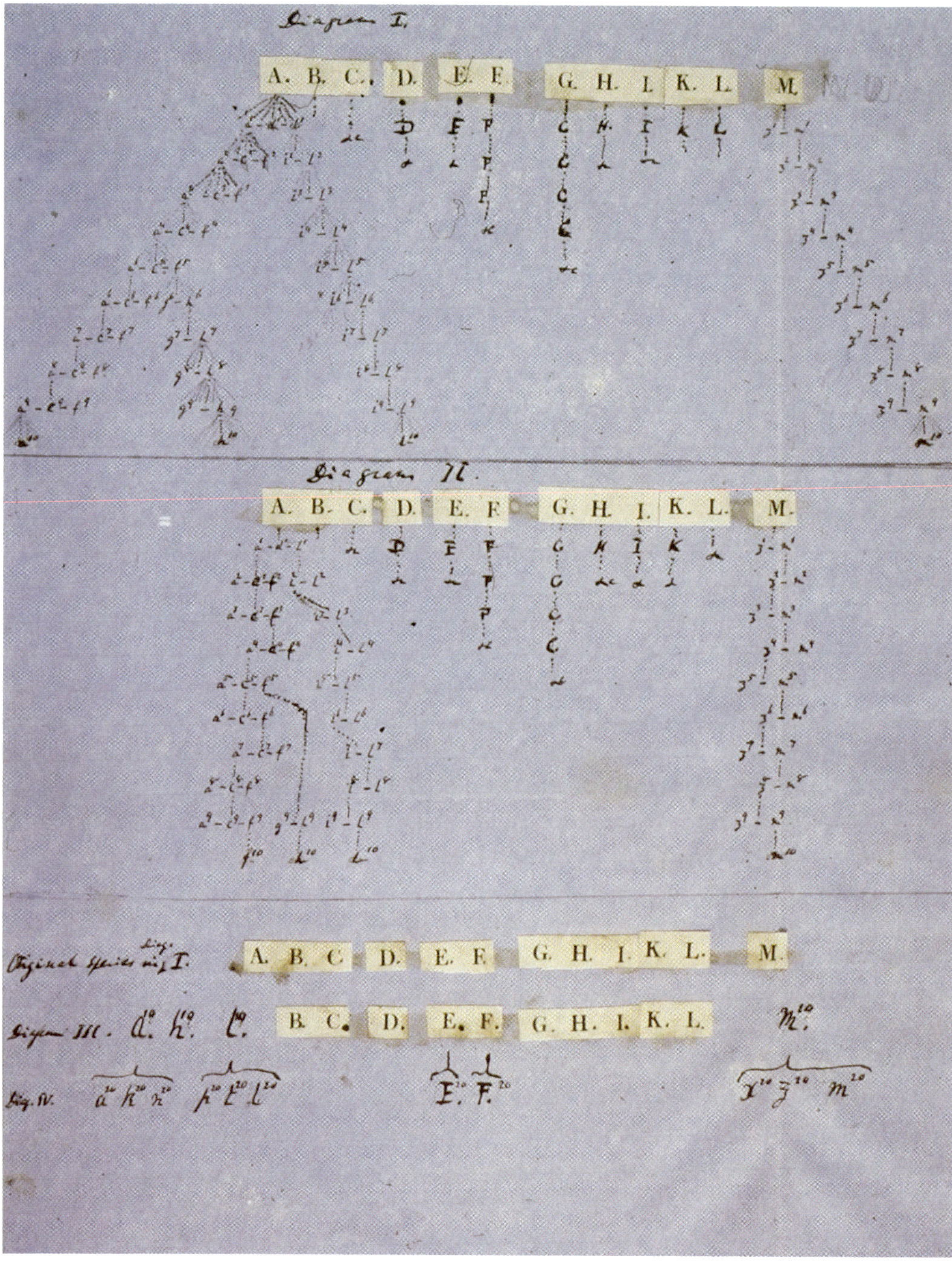

Tafel XIV,
vgl. Abb. 30, S. 47

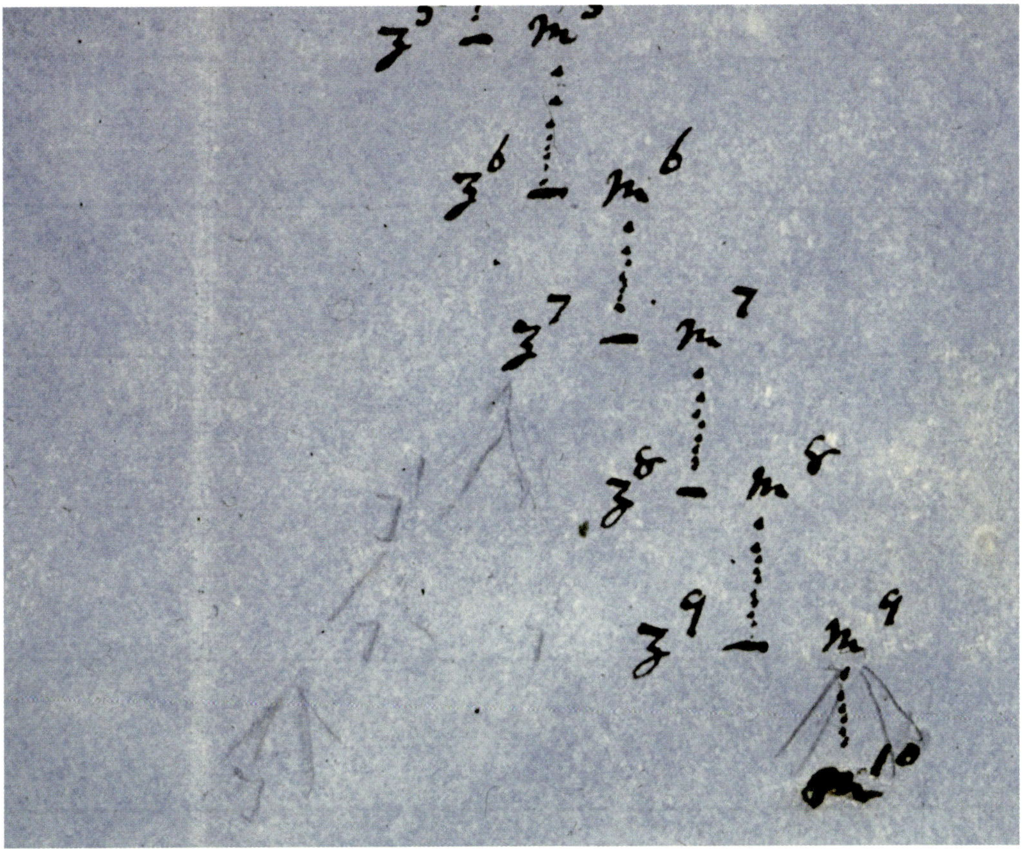

Tafel XV,
vgl. Abb. 30, Seite 49

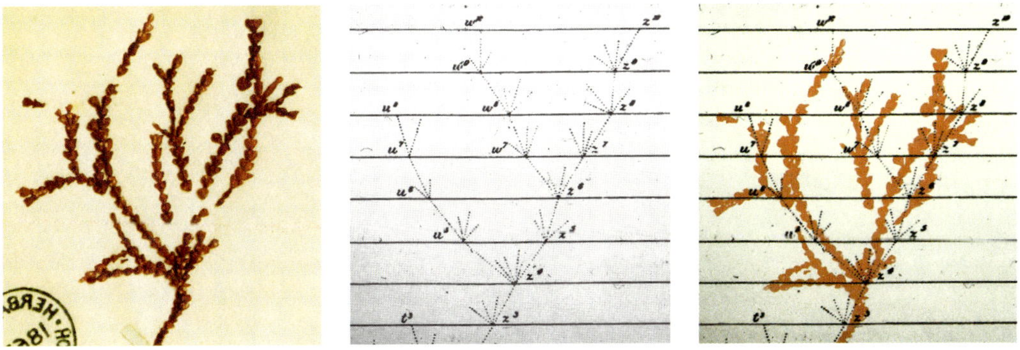

Tafel XVI, vgl.
Abb. 1, S. 9
Abb. 36, S. 57
Abb. 37, S. 58
Collage:
Birgit Schneider

oben: *Tafel XVII, vgl. Abb. 39, S. 63*

unten: *Tafel XVIII, vgl. Abb. 40, S. 64*

oben: *Tafel XX*, *vgl. Abb. 43, S. 67*

unten: *Tafel XIX*, *vgl. Abb. 41, S. 64*

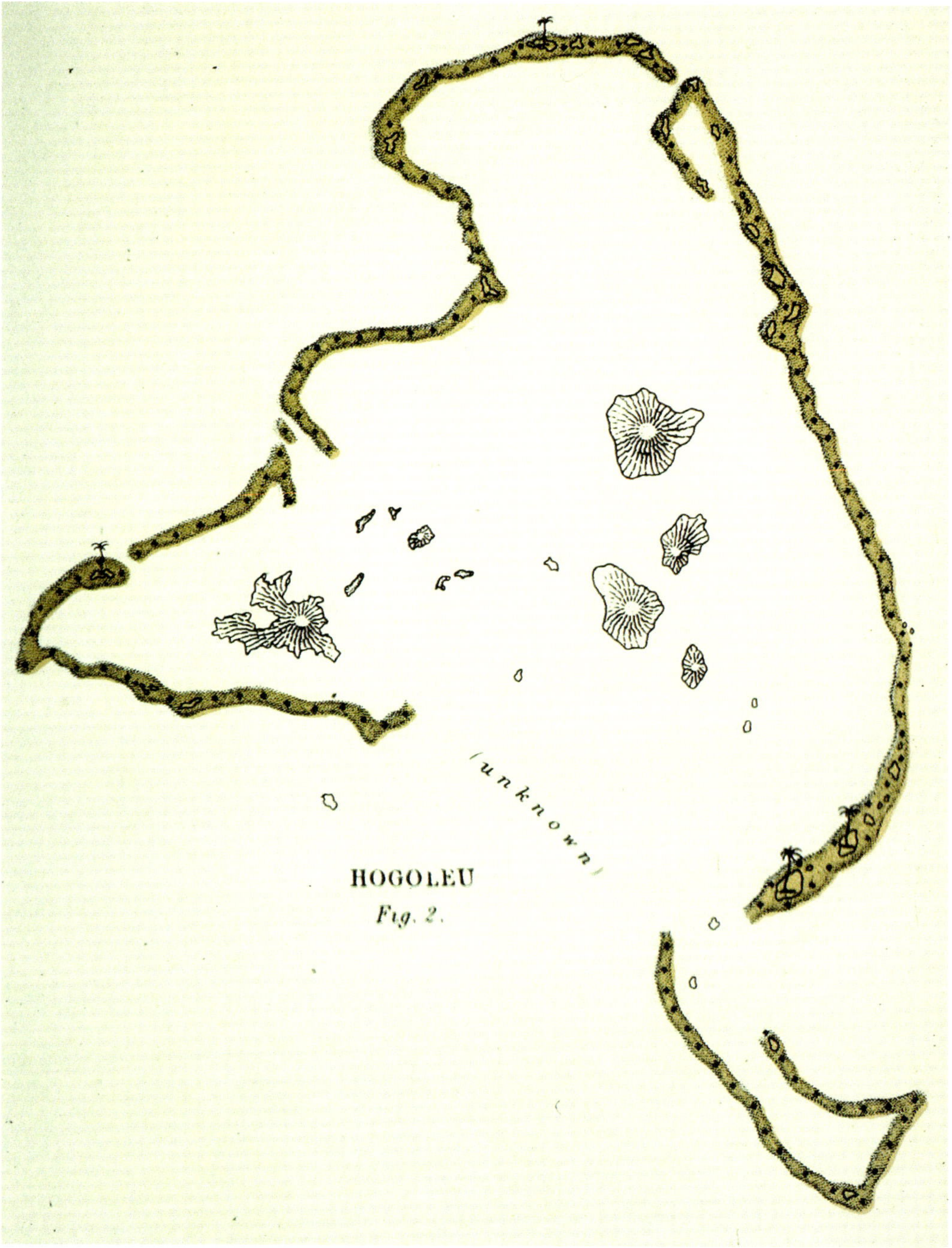

Tafel XXI,
vgl. Abb. 51, S. 79

ANMERKUNGEN

1) Bredekamp 1993, S.72–76; vgl. ders. 2000
2) Sternbergers Kinematographie, Ospovats Historisierung und Grubers Metaphernanalyse von Darwins Theorie waren maßgebliche Vorbilder (Sternberger 1974; Ospovat 1981, S.60f.; Gruber 1988). Zwei der Vorträge, die in den vorliegenden Text eingegangen sind, wurden bereits publiziert: XIX. Deutscher Kongreß für Philosophie des Jahres 2002 (Bredekamp 2004, Evolutionsdiagramm) und Dresdener Kongreß über die Semantik der »Dinge« (Bredekamp 2005, Korallen). Hinzu kam der Beitrag für die Hartmut Böhme gewidmete Festschrift (Bredekamp 2004, Üppigkeit). Den Grundzug des gesamten Essays habe ich anläßlich meiner Berufung als Permanent Fellow am Wissenschaftskolleg zu Berlin im November 2003 vorgetragen.
3) Voss 2005
4) Bredekamp 1999/2003, ders. 2004, Monade
5) Porter 1987, S.194
6) Freundlicher Hinweis von Jennifer Bryant und Linda M. Irvine.
7) Harvey 1847, S.VIIf.; Porter 1987, S.186ff.; Ducker 1988, S.14
8) Desmond 1999, S.221
9) Freundlicher Hinweis von Jennifer Bryant.
10) Silva 1957, S.41. Die lateinisch problematische Schreibweise des »y« folgt der maßgeblichen Website: www.algaebase.com.
11) Im Jahre 1837 hat der deutsche Naturforscher Rudolf Philippi (1808–1904) dies mit Blick auf einige der in Frage kommenden Arten bekräftigt (Philippi 1837).
12) Im Jahre 1842 hat der französische Biologe Decaisne eine Forschungsgeschichte der *Corallinae* mit der Eingruppierung zahlreicher Arten unter die Algen verbunden. In diesem Zusammenhang hat er der *Amphiroa Orbignyana* den Namen gegeben (Decaisne 1842, Nr.14, S.124). In Harveys Publikation der Algen des Pazifik ist Darwins Objekt daher als Beispiel jener Spezies aufgenommen, die lange Zeit als Tiere galten, nun aber den Pflanzen zugesprochen werden (Harvey 1847, S.100, Nr.22; Taf. XXXVIII zeigt das Exemplar des Trinity College).
13) In seinen Notizen konnte er in den nicht versteinerten Teilen der *Corallinae* der Falkland-Inseln keine Polypen erkennen, um jedoch umso eindringlicher zu fragen: »What claims have they to be considered as animals?« (Darwin, Coralline Algae Notes, in: Porter 1987, S.193). Im Zusammenhang mit der grünfarbigen *Halimeda* sprach Darwin zunächst davon, daß diese nicht zu den zoophytischen Pflanzentieren zu rechnen seien, um sie anschließend als Mitglied jener zwischen Pflanze und Pflanzentier schwankenden »most ambiguous family, the Corallinas« zu bezeichnen (Darwin, Coralline Algae Notes, in: Porter 1987, S.195). In dieser Unbestimmtheit wird für ihn der Reiz dieses Organismus gelegen haben. Die *Amphiroae* hat Darwin jedoch eindeutig den Korallen zugerechnet (Porter 1987, S.190, unter Nr.1832.)
14) Vgl. Motto und Anm.156
15) Vgl. hierzu Daston 2004, insbes. S.16f.
16) Latour dagegen hat dem *Objekt* (*object*) einen Gegensatz zum Subjekt attestiert, der im *Ding* (*chose*) überwunden sei. Es gelte, *Objekte* in *Dinge* zu überführen (Latour 2001, S.286 und passim). Da die Trennung von Subjekt und Objekt meines Erachtens eine Voraussetzung ihrer Überwindung ist, verwende ich *Objekt* jedoch in einem ähnlichen Sinn wie Latour *chose*. Latours *Ding* ist für mich das *Objekt*.
17) Alberti 2000, S.142
18) Vgl. zu diesem Prinzip: Bredekamp 2005, Denkende Hände; Bredekamp 2005, Zeichnende Denkkraft
19) Ginzburg 1983
20) »changes not result of will of animal, but law of adaption« (Darwin 1987, B 21, S.176; vgl. Gruber 1974, S.142).
21) Junker und Hoßfeld 2001, S.49ff.
22) Darwin 1987, B 216, S.224, B 214 und S.225, B 216 sowie Anm.1. Vgl. allgemein: Desmond und Moore 1992, S.48ff.
23) (...) organized beings represent a tree. *irregularly branched* some branches far more branched. – Hence Genera. –« (Darwin 1987, B 21, S.176).
24) Zum Lebensbaum: Goetz 1965, Abb.117. Zum Mittelalter: Schadt 1982; zur italienischen Frührenaissance: Klapisch-Zuber 1991; grundlegend für die frühe Neuzeit: Heck 2000, der die Unterscheidung von Stammbaum und Ahnengalerie betont; signifikante Beispiele aus der Habsburger Dynastie: Barta 2001, S.52–57; allgemein Klapisch-Zuber 2004.
25) Zimmermann 1953, S.77f.; Urbani 1991; Wöhler 1992, S.3–20; Wendler 2003, S.4–31
26) Aquin 1498 S.106v. De arbore 1991, S.337
27) Lovejoy 1985, passim
28) Berns 2000, S.160ff., 174f.; Weigel 2003, insb. S.239. Die Qualität vor allem der Lullus-Rezeption ist gegenüber Versuchen, das Baummotiv für das Übel der philosophischen Welt zu halten (Deleuze und Guattari 1977), zu betonen (Siegel

2004, S.41, 52). Die Ausstellung *einfach komplex* (2005) hat ironischerweise gerade den »Bildbäumen und Baumbildern« jene Qualität zugesprochen, die Deleuze und Guattari mit dem Rhizom als dem Gegenbild zum Baummodell verbanden.
29) Zit. nach Zimmermann 1953, S.215
30) Pallas 1787, S.47; »At omnium optime Arboris imagine adumbraretur Corporum organicorum Systema, quae a radice statim, e simplicissimis plantis atque animalibus duplicem, varie contiguum proferat truncum, Animalem & Vegetabilem« (Pallas 1766, S.23). Vgl. Métraux 2001, S.12
31) Pallas 1787, S.48; »Truncus e principaliori generum affinium serie confertus, passim pro ramulis exsereret genera, quae istis laterali affinitati juncta interseri tamen non possunt« (Pallas 1766, S.24). Vgl. Métraux 2001, S.12
32) »Tabula Phytographica Universalis affinitates ordum naturalium plantarum exhibens«, in: Rüling 1766, nach S.36; vgl. Wendler 2003, S.39
33) »Si le Capiton VII n'est pas une plante originairement distincte du Fraisier, il est à croire qu'il est né du Fraisier verd, plutôt que de tout autre, ainsi qu'on le voit dans l'arbre généalogique: il a de commun avec lui, la solidité de ses fruits & la force de ses étamines, mais il en différé par sa grandeur, par l'absence des appendices des feuilles qui se voient dans l'autre, par la forme des bouquets de fleurs, la disposition des calices à se renverser, & plus encore par la séparation de sexes sur deux individus. / Le Fraisier écarlate X, qui est le Fraisier commun du Canada & de la Virginie, différé, comme on l'a vû, du Fraisier de bois par un grand nombre de petits caractères; cependant, il ne peut guère avoir pris naissance que de cette race, ainsi que je le marque dans l'arbre généalogique: l'influence du climat paroît y avoir produit les principaux changements, puisqu'on les observe également dans les deux autres races d'Amerique« (Duchesne 1766, S.225f.). Vgl. Zimmermann 1953, S.237
34) Berns 2000; Demandt 2002, S.19, 174ff.
35) »(...) l'échelle animale commençe au moins par deux branches particulières, et que, dans le cours de son étendue, quelques rameaux paraissent la terminer en certains endroits« (Lamarck 1994, S.648).
36) Junker und Hoßfeld 2001, S.49–57. Die Liniengliederung, die Lamarck bei den Organen der Verdauung, Atmung, Fortbewegung, Zeugung, des Gefühls (Nerven) und der Zirkulation vornahm, bestärkte die Symbolik des Statischen (Lamarck 1815, S.367; vgl. Métraux 2001, S.16).
37) Zur Geschichte des Diagramms als Bild: Bonhoff 1993; Bogen und Thürlemann 2003.
38) Darwin spricht vom »tripple branching in the tree of life owing to three elements air, land & water« (Darwin 1987, B 23, S.176). Vgl. Anm.50
39) »We may fancy, according to shortness of life of species that in perfection, the bottom of branches deaden« (Darwin 1987, B 27, S.177). Vgl. Voss 2003, Darwins Diagramme, die Macleays Klassifikationssystem (s.u. S.30) als Antipoden erkennt (S.20f.).
40) »It is thus fish can be traced right down to simple organization« (Darwin 1987, B 26, S.177).
41) Voss 2003, Darwins Diagramme, S.22
42) Darwin 1987, B 26 u. 27, S.177; Gruber 1974, S.136
43) Zu den Vorläufern dieser Verzeitlichung der Naturgeschichte: Lepenies 1978, S.41ff. und Bredekamp 2000, S.72–76
44) Barlow 1958, S.77f.
45) Berns 2000, S.156f.
46) »In ciascheduno di tali ordini, o Classi la Natura forma la sua serie, ed ha li suoi insensibili passaggi da anello in anello delle sue catene. Oltre di che gli anelli d'una catena talmente sono uniti con quelli d'un altra, che ad una rete piuttosto, che ad una catena le naturali progressioni si dovrebbero rassomigliare, essendo, per dir così, tessuta di vari fili, che tra loro hanno scambievole communicazione, correlazione, ed uniche« (Donati 1750, S.XXI). Vgl. Métraux 2001, S.10
47) »The tree of life should perhaps be called the coral of life« (Darwin 1987, B 25, S.177).
48) »(...) base of branches dead; so that passages cannot be seen. – this again offers contradiction to constant succession of germs in progress« (Darwin 1987, B 25 & 26, S.177). Vgl. hierzu Hemleben 1979, S.94, Pörksen 1998, S.327f. und Treusch-Dieter 1994, die aus diesen Sätzen mit Blick auf anderes Material als dem im vorliegenden Versuch herangezogenen Stoff einen Ansatz zum Verständis von Darwin bis hin zu seinem letzten Werk über die Ausdruckslehre machten (Darwin 1999).
49) » – ›no only makes it excessively complicated‹« (Darwin 1987, B26, S.177).
50) »Would there not be a triple branching in the tree of life owing to three elements air, land & water, & the endeavour of each ›one‹ typical class to extend his domain into the other domains. & subdivision ›six‹ three more, double arrangement.– « (Darwin 1987, B 23, S.176). Vgl. Anm.38
51) »if each Main stem of the tree is adapted for these three elements, there will be certainly points of affinity in each branch« (Darwin 1987, B 24, S.176).
52) »every part would probably not complete, if birds were fitted solely for air & fishes for water« (Darwin 1987, B 45, S.181).
53) »Corall exceedingly hard stone compact« (Darwin 1987, S.192).

54) »these often grow into each other & are always close together« (Darwin 1987, S.19).
55) Hierzu: Voss 2003, Darwins Diagramme, S.1
56) »Thus between A. & B. immens gap of relation. C & B. the finest gradation, B & D rather greater distinction. Thus genera would be formed« (Darwin 1987, B 36, S.180).
57) »Case must be that one generation then should be as many living as now« (Darwin 1987, B 36, S.180; vgl. Voss 2003, Darwins Diagramme, S.2).
58) Gruber 1974, S.143f.
59) »To do this & to have many species in the same genus (as is) REQUIRES extinction« (Darwin 1987, B 36, S.180).
60) »(...) each species (...) is capable of making 13 recent forms. – Twelfe of the contemporarys must have left no offspring at all, so as to keep number of species constant.« (Darwin 1987, Nr.37, S.180).
61) Barry 1836–1837, S.346. Diese Entdeckung ist Voss 2003, Darwins Diagramme, S.23ff. zu verdanken; vgl. auch zum Folgenden. Zum Einfluß von Baers auf Darwin: Ospovat 1981, S.158f. und passim. Zu von Baer: Breidbach 1999.
62) Voss 2003, Darwins Diagramme, S.26
63) S.u.S.64
64) »This is explanation of close [...] similarity of Embryo of Pig & Cow.«
65) Dem »law of chance« (Darwin 1987, B 55e, S.185) stehen Darwins Regeln der Evolution gegenüber. Das Schlußbild der *Origin of Species* mit der *entangled bank* enthält beide Seiten (vgl. Hyman 1974, S.32f. und Gruber 1988, S.124).
66) Browne 1995, S.451; grundlegend: Di Gregorio 1987
67) McOuat 1996, S.511–515
68) The Darwin Correspondence Online Database: Briefe zwischen 1842 und 1849. Briefe des Jahres 1849: Darwin 1887, Bd.I, S.365–372. Zum organisatorischen Zusammenspiel mit Darwin: McOuat 1996, S.507.
69) »Species« und »genera (...) are merely artificial combinations made for convenience« (Darwin 2001, S.485). Darwins Kontrahent Agassiz stellte im Jahre 1860 die trockene Frage, wie Arten sich verändern könnten, wenn sie gar nicht existierten (vgl. hierzu: McOuat 1996, S.474, Anm.6).
70) Di Gregorio 1987, S.45; Browne 1995, S.446f.; Voss 2003, Darwins Diagramme, S.19
71) Strickland 1840, S.186ff.
72) Lovejoy 1985, passim
73) Swainson 1836–1837, Bd.II, 1837, S.200; vgl. Di Gregorio 1983, S.234ff.; Ritvo 2003, S.60–62 und Voss 2003, Darwins Diagramme, S.13–16; auch zum Folgenden.
74) Swainston 1985, S.14f.; Di Gregorio 1987, S.37; Gardiner 2001, S.7–9
75) »I believe infinite harm has been done by these circles, which catch the eye as of equal size, & inevitably lead the mind to suppose they are of equal value – it is by this artifice, as I believe, the possibility of making the Quinarian system appear probable has chiefly rested: Moreover it shd [sic!] be stated by everyone, I think, who indulges in these *vicious* circles, that confessedly there is no standard to judge to the value of groups« (Darwin an George Robert Waterhouse, 3. oder 17. Dezember 1843, in: Darwin 1985ff., Bd.2, S.416). Vgl. Gardiner 2001, S.12f. Vgl. Strickland 1840, S.186ff.
76) S.o.S.20
77) »In short, variety is a great and a most beautiful law of Nature; it is that which distinguishes her productions from those of art, and it is that which man often exerts his highest efforts in vain to imitate« (Strickland 1840, S.187).
78) William Hogarth 1986, S.174f.; Bindman 1997, S.168f.; allgemein Gerlach 1989
79) »(...) the design of creation was to form not a cabinet of curiosities, but a living world« (Strickland 1840, S.187).
80) »The natural system may, perhaps, be most truly compared to an irregularly branching tree, or rather to an assemblage of detached trees and shrubs of various sizes and modes of growth« (Strickland 1840, S.190).
81) Illies 1983, S.108
82) »And as we show the form of a tree by sketching it on paper, or by drawing its individual branches and leaves, so may the natural system be drawn on a map« (Strickland 1840, S.190).
83) »The affinities of animals may possibly be neither rectilinear nor circular, but irregular like the distribution of water and land, and like that, capable of being laid out on a map – not however by any *a priori* theory, but by long observation like a geographic survey« (Handschriftliche Notiz, 1838, zit. nach: McOuat 1996, S.501. Zu Stricklands Kartenmodell und dessen Präsentationsgeschichte ebda., S.501–504).
84) »(...) let us hope that the affinities of the natural system will not be of a higher order than can be expressed by a solid figure; in which case they may be shown with tolerable accuracy on a plain surface; just as the surface of the earth, though an irregular spheroid, can be protracted on a map« (Strickland 1840, S.190).
85) »In order to place these groups at their true distances, it is necessary to form a *scale of degrees of affinity*, to which the intervals between each genus shall correspond« (Strickland 1840, S.191). Die Karte ist abgedruckt als Pl.VIII. Vgl.

Di Gregorio 1983, S.239ff.; Di Gregorio 1987, S.40f.

86) Jardine 1959, Abb. vor S. cciv.; vgl. McOuat 1996, S.500f. und Voss 2003, Darwins Diagramme, S.13f.

87) Tabula Peutingeriana 1976

88) »(...) to follow her through the wild luxuriance of her ramifications« (Strickland 1840, S.192).

89) »Does not Lindley use Diagrams to represent affinities, like the maps of Strickland?« (Di Gregorio und Gill 1990, Sp.501).

90) Darwin 1987, B 25, S.177

91) Die Datierung ergibt sich aus der Zeitspanne zwischen der Publikation von Agassiz *Outlines* von 1851, auf die das Kreissystem zurückgeht, und dem Wallace-Schock von 1858, der Darwin zwang, seine Überlegungen in eine neue Richtung zu lenken. Voss (2003, Darwins Diagramme, S.31) plädiert für 1853/54.

92) Darwin 2001, S.449f.

93) Vgl. Voss 2003, Darwins Diagramme, S.31, die den Zusammenhang der Tafeln rekonstruiert hat.

94) So ist ein ähnliches Kreissegmentschema im Jahre 1960 für die höheren Säugetiere vorgeschlagen worden (H. Schmidt 1960, S.269); vgl. auch den *Roundabout* von David Hillies, in: Pennisi 2003, S.1697

95) »no form intermediate«

96) »If they had all given descendents then there w[ould] have been a great series.«

97) »Let dots represent Genera ???«

98) Voss 2003, Darwins Diagramme, S.31

99) »It is intended that the distances between the several names should show to some extent the relative amount of affinity existing between them; and the connecting lines show in what direction the affinities are supposed to lie. By referring to the diagram it will be seen that there are seven families placed close together, forming a central mass. Beyond the Trogons at some distance come the Goatsuckers and Swallows, while at the greatest possible distance from each other are the Hornbills and the Hummers, the former having a distant affinity to the Kingfishers, the latter to the Swallows« (Wallace 1856, S.206; Brooks 1984, S.120; zu Darwin und Wallace: Canguilhem 1994, S.104ff.; Browne 2002, S.14–42; Shermer 2002, S.88ff.).

100) Wallace 1856, S.206

101) Wallace nennt die »difficulty of arriving at a true classification, even in a small and perfect group; – in the actual state of nature it is almost impossible, the species being so numerous and the modifications of form and structure so varied, arising probably from the immense number of species which have served as antitypes for the existing species, and thus produced a complicated branching of the lines of affinity, as intricate as the twigs of a gnarled oak or the vascular system of the human body« (Wallace 1855, S.187). Vgl. Di Gregorio 1983, S.245f.; Brooks 1984, S.74f.; Shermer 2002, S.85

102) »Again, if we consider that we have only fragments of this vast system, the stem and main branches being represented by extinct species of which we have no knowledge, while a vast mass of limbs and boughs and minute twigs and scattered leaves is what we have to place in order, and determine the true position each originally occupied with regard to the others, the whole difficulty of the true Natural System of classification becomes apparent to us« (Wallace 1855, S.187; Brooks 1984, S.74f.; Shermer 2002, S.85).

103) »Thus every case of apparent retrogression may be in reality a progress, though an interrupted one: when some monarch of the forest loses a limb, it may be replaced by a feeble and sickly substitute« (Wallace 1855, S.191; Brooks 1984, S.76; Shermer 2002, S.85, 87).

104) Shermer 2002, S.88

105) »His general summary ›Every species has come into existence coincident in time and space with pre-existing species‹ – Uses my simile of tree« (zit. nach Brooks 1984, S.244; vgl. Shermer 2002, S.89).

106) »This I believe to be the origin of the classification or arrangement of all organic beings at all times. These always *seem* to branch und sub-branch like a tree from a common trunk; the flourishing twigs destroying the less vigorous – the dead and lost branches rudely representing extinct genera and families« (Darwin 1887, Bd.2, S.125). Vgl. Brooks 1984, S.207

107) Brooks 1984, S.243

108) Stauffer 1975, S.249

109) »(...) so by generations I believe it has been with the great Tree of Life, which fills the crust of the earth with fragments of its dead & broken branches, & covers with its ever living, ever diverging & marvellous ramifications, te face of the earth« (Stauffer 1975, S.250). Vgl. Anm.88 u.140

110) Junker 1990, S.187f.

111) Junker 1990, S.181, 195f., 199ff.

112) Junker 1990, S.186, 188

113) Bronn 1858, S.481f.; vgl. Uschmann 1967, S.14

114) »The complex action of these several principles, namely, natural selection, divergence & extinction, may be best, yet very imperfectly, illustrated by the following Diagram, printed on a folded sheet for convenience of reference« (Stauffer 1975, S.238).

115) Stauffer 1975, S.481

116) »This diagram will show the manner, in which I believe species descend from each other & therefore shall be explained in detail: it will,

also, clearly show several points of doubt and difficulty« (Stauffer 1975, S.238f.).
117) »I do not suppose the process generally to have been so simple as represented under M, where a simple variety m^{1-10} in each stage of descent has been naturally selected« (Stauffer 1975, S.242).
118) »The unequal distances of the letters may represent the ordinary way in which the species, even when as in this imaginary case all are closely related together, yet stand unequally related in little sub-groups« (Stauffer 1975, S.239).
119) »Compositor: To be printed on (separate) page to be folded out and so all exposed. Attend to distance of capital letters from each other; the letters had better be smaller: attend the chains of dots and hyphens. The numbers to small letters to be the very smallest possible. The capital (and other) Letters in each Diagram to match exactly in position. – I hope the 4 Diagrams will go in length of page«.
120) »I never saw a more striking coincidence. (...) So all my originality, whatever it may amount to, will be smashed« (Darwin an Lyell, 18.6.1858, in: Darwin 1985ff., Bd.7, S.107; Darwin 2000, S.196).
121) Shermer 2002, S.118ff.
122) Brooks 1984, S.229ff.
123) Gruber 1988, S.132
124) Darwin 2001, S.123f.
125) Darwin 2001, S.117, 124
126) Darwin 2001, S.123, 125
127) Darwin 2001, S.123
128) Darwin 2001, S.116–126
129) Darwin 2001, S.431
130) »(...) owing to the high geometrical powers of increase of each species« (Darwin 2001, S.127).
131) Meines Wissens hat allein Pörksen 1998, S.328ff., diese Frage gestellt.
132) Selbst noch Stephen Jay Goulds Alternativkonzept des Wechsels von langen Zeiten der Stabilität und abrupten Sprüngen (*punctuated equilibrium*) sieht sein Schema als einen arboresken Antipoden (Dennett 1995, S.283).
133) Der Baumvergleich ist hier nicht evolutionär, sondern mimetisch verwendet, und auch dies nicht ohne Einschränkung. Der Hauptnerv des *Coccus*, so Darwin, »may almost be compared to the irregular branching of the stem of a tree« (Darwin 2001, S.46).
134) Neben dem Diagramm-Abschnitt, in dem mehrfach »Zweige« als »Linien« gemeint sind (Darwin 2001, S.119–126), geschieht im übertragenen Sinn dasselbe in Kapitel VI: »(...) branching off in two fundamentally different lines« (ebda., S.187).
135) »one long and branching chain of life« (Darwin 2001, S.301).
136) »The several subordinate groups in any class cannot be ranked in a single file, but seem rather to be clustered round points, and these round other points, and so on in almost endless cycles« (Darwin 2001, S.128f.).
137) »(...) as we have seen illustrated in the diagram« (Darwin 2001, S.129).
138) »The affinities of all beings of the same class have sometimes been represented by a great tree. I believe this simile largely speaks the truth« (Darwin 2001, S.129).
139) »At each period of growth all the growing twigs have tried to branch out on all sides, and to overtop and kill the surrounding twigs and branches, in the same manner as species and groups of species have tried to overmaster other species in the great battle for life« (Darwin 2001, S.129).
140) »I believe it has been with the great Tree of Life, which fills with its dead and broken branches the crust of the earth, and covers the surface with its ever branching and beautiful ramifications« (Darwin 2001, S.130. Vgl. Anm. 88 u.109). Darwin hat den Baum nur mehr an einer einzigen weiteren Stelle der *Origin of Species* aufgenommen, und dies eher beiläufig. Das langsame Entstehen von Artgruppen charakterisiert Darwin im Kapitel über die Lückenhaftigkeit der geologischen Befunde als »branching of a great tree from a single stem« (Darwin 2001, S.317).
141) Pörksen 1998, S.329
142) Uschmann 1967, S.17
143) Es kommt hinzu, daß sich gerade Darwins so narrativer, scheinbar zur Verbildlichung drängender »Baum des Lebens« der Visualisierung sperrt, weil er den Zyklus der Jahreszeiten mit der linear ablaufenden Geschichte des Lebens auf dem Globus verbindet (Pörksen 1998, S.329).
144) Darwin 2003, S.434
145) Harvey 1847, S.100, Nr.22. Harvey bestimmt die Familie der *Corallineae* [sic!], zu der er die *Amphiroa* zählt, in einem »middle place between the non-calcareous algae and the zoophytes« (ebd., S.93). Vgl. o. Anm. 12.
146) Barlow 1958, S.77f. Vgl. o. Anm.44
147) »The objects which I want chiefly drawn are minute corallines, & minute articulata & mollusculla & their various organs; please say whether you think your artist would do such things well« (Darwin an William Benjamin Carpenter, Oktober-Dezember 1846, in: Darwin 1985ff., Bd.3, S.344).
148) »When I was drawing with Leonard, I was so delighted with the appearance of the objects, especially with their perspective, as seen through the weak powers of a good compound Microscope that I am going to order one« (Darwin an Joseph Dalton Hooker, Dezember 1846, in: Darwin 1985ff., Bd.3, S.375).

149) Plinius 1973–1994, Bd. XIII, LI, Nr. 140, S. 178/179; Bd. XXXII, XI, Nr. 21–24, S. 28/29–30/31; Bd. XXXVII, LVIII, Nr. 153f., S. 106/107, LIX, Nr. 164, S. 112/113–114/115

150) Ovid, Metamorphosen, IV, 750–752, in: Ovidius 1958, S. 286/287. Vgl. zu den antiken Quellen: Paulys Real-Encyclopädie 1922, Sp. 1373–1377. Grundlegend zur Ikonologie der Koralle: Frontisi-Ducroux 1996. Eine profunde Materialsammlung zur Geschichte der Erforschung der Koralle bis in das 18. Jahrhundert hat Schouppé zusammengestellt (1991).

151) Syndram 1999, S. 133

152) Bredekamp 2000, S. 83f.

153) Dezzi Bardeschi 1980, S. 44. Zum Programm des Raumes zuletzt: Feinberg 2002

154) Paulys Real-Encyclopädie 1922, Sp. 1375

155) Cole 1999, S. 228ff.

156) »Full fathom five thy father lies
Of his bones are coral made:
Those are pearls that were his eyes:
Nothing of him that does fade,
But doth suffer a sea change
Into something rich and strange.«
(Shakespeare, *The Tempest*, I, 2. Vgl. Motto).

157) Solinas 2001, S. 237f.

158) Zimmermann 1880, S. 212f., 222, 225; Vgl. Harter 2002, Geburt, S. 179

159) Bilder-Konversations-Lexikon 1838, Bd. 2, S. 648f.

160) »Il est des êtres incertains, les corallines, par exemple, que les trois règnes se disputent. Elles tiennent de l'animal, elles tiennent du minéral; finalement elles viennent d'être adjugées aux végétaux. Peut-être est-ce le point réel où la vie obscurément se soulève du sommeil de pierre, sans se détacher encore de ce rude point de départ« (Michelet 1861, S. 139; Übers. nach Michelet 1987, S. 112).

161) »comme pour nous avertir, nous si fiers et placés si haut, de la fraternité ternaire, du droit que l'humble minéral a de monter et s'animer, et de l'aspiration profonde qui est au sein de la Nature« (Michelet 1861, S. 139; Übers. nach Michelet 1987, S. 112).

162) »Dans cet fantasmagorie, avec plus de gravité, le madrépore arborescent montre ses couleurs moins vives. Sa beauté est dans la forme. / Elle est dans l'ensemble surtout, dans le noble aspect de la cité commune; l'indvidu est modeste, et la république imposante« (Michelet 1861, S. 142; Übers. nach Michelet 1987, S. 114; vgl. Harter 2002, Geburt, S. 179).

163) »Mais ceci, c'est la vie même. (…) Mais ici tout s'est fait sans violence et sans catastrophe, par un progrès naturel; il y a une paix sereine, un attrait singulier de douceur. / Tout sculpteur y admirerait les formes d'un art merveilleux« (Michelet 1861, S. 143; Übers. nach Michelet 1987, S. 115).

164) Rehbock 1980, S. 523–534

165) Harter 2002, Le Paradis, S. 92ff.; Harter 2004

166) Lacambre 1999, S. 190, Abb. 82

167) Michelet 1861, S. 144/145; Übers. nach Michelet 1987, S. 116f.

168) Diese Seite entwickelt Hyman 1974, S. 22

169) »(…) everyone must be struck with astonishment, when he first beholds one of / these vast rings of coral-rock, often many leagues in diameter, here and there surmounted by a low verdant island with dazzling white shores, bathed on the outside by the foaming breakers of the ocean, and on the inside surrounding a calm expanse of water, which, from reflection, is generally of a bright but pale green colour« (Darwin 1986, S. 3).

170) »The naturalist will feel this astonishment more deeply after having examined the soft and almost gelatinous bodies of these apparently insignificant coral-polypifers, and when he knows that the solid reef increases only on the outer edge, which day and night is lashed by the breakers of an ocean never at rest. Well did François Pyrard de Laval, in the year 1605, exclaim, ›C'est une merueille de voir chacun de ces atollons, enuironné d'un grand banc de pierre tout autour, n'ayant point d'artifice humain‹« (Darwin 1986, S. 3f.; Übers. [modernisiert] nach Darwin 1876, S. 1f. [franz. Übers. von H. B.]).

171) »Humboldts glorious descriptons are & will for ever be unparalleled (…) the rare union of poetry with science« (Darwin 1988, S. 42; vgl. Leask 2003, S. 22).

172) »I am at present fit only to read Humboldt; he like another Sun illumines everything I behold« (Darwin 1988, S. 42; vgl. Leask 2003, S. 23). Hierin auch liegt die Empfänglichkeit Darwins für die Metaphorik begründet, die meisterhaft erschlossen wurde von: Beer 1983, S. 89–96, 103.

173) »I never forget that my whole course of life is due to having read & reread as a Youth his Personal Narrative« (Brief an Joseph Dalton Hooker, 10.2.1845, in: Darwin 1985ff., Bd. III, S. 140). Vgl. Leask 2003, S. 16 und passim. Leask untersucht Darwins bis an sein Lebensende währende Verehrung für Alexander von Humboldt, dessen Reisebericht glänzend in das Englische übersetzt worden war. Vgl. Humboldt (1818–1829)

174) »The ocean throwing its waters over the broad reef appears an invincible, all-powerful enemy, yet we see it resisted and even conquered by means which at first seem most weak and inefficient« (Darwin 1989, S. 338; Übers. nach Darwin 1962, S. 782).

175) »Let the hurricane tear up its thousand huge fragments; yet what will this tell against the accumulated labour of myriads of architects at work night and day, month after month. Thus we do see the soft and gelatinous body of a polypus, through the agency of the vital laws, conquering the great mechanical power of the waves of an ocean, which neither the art of man, nor the inanimate works of nature could successfully resist« (Darwin 1989, S.338; Übers. nach Darwin 1962, S.783).
176) »I am glad we have visited these islands: such formations surely rank high amongst the wonderful objects of the world. It is not a wonder, which at first strikes the eye of the body, but rather, after reflection, the eye of reason. We feel surprised, when travellers relate accounts of the vast extent of certain ancient ruins; but how utterly insignificant are the greatest of these, when compared to the pile of stone here accumulated by the work of various minute animals« (Darwin 1989, S.342).
177) »Can any thing be more singular than this structure? It is anlogous to that of a lagoon, but with an island standing, like a picture in its frame, in the middle« (Darwin 1989, S.343).
178) Darwin 1989, S.343f.
179) Stafford 1976
180) Panofsky 1979, Problem; Panofsky 1979, Ikonographie
181) P. Schmidt 1989, S.41ff.
182) »I am almost convinced (quite contrary to opinion I started with) that species are not (it is like confessing a murder) immutable.« (Darwin an Joseph Dalton Hooker, 11.1.1844, in: Darwin 1985ff., Bd.3, S.2; vgl. Hyman 1974, S.30).
183) Haeckel 1866, II, S.397–399; Tafeln I–VIII
184) Haeckel 1866, II, S.397
185) Golden 2001
186) Baldinucci 1681, Bd.1, S.7 [XV]; vgl. Goldberg 1988, S.33 und Schmidt-Burkhardt 2005, S.48f.
187) Schmidt-Burckhardt 2005, S.69–113
188) Pörksen 1998, S.332–335
189) Haeckel 1866, S.398f.
190) Kleeberg 2005, S.160; zu den Modellbäumen S.159–164
191) Di Gregorio 1983, S.249–253; dort auch Hinweis auf weitere Vertreter genealogischer Bäume wie Edwin Ray Lankester. Vgl. zur Kritik der Haeckel-Bäume: Pörksen 1998, S.330–332 und die Rekonstruktion ihrer vordarwinschen Wurzel durch Breidbach 2002, S.177–182 und Weigel 2003, S.254.
192) Zur Kritik: Gould 1993; Gould 1996. Die vielleicht entschiedenste Ablehnung stammt von Illies 1983, Wunderwald. Zur Verteidigung des Baumes: Dawkins 1991, S.255ff.
193) Dennett 1995, S.283
194) Gould 2000, S.46f.
195) Rieppel 1983, S.104ff., 129ff.; zur Kritik des Kladismus: Dawkins 1991, S.276ff.
196) »More than 100 years ago, Charles Darwin systematically charted relationships of organisms in space and time. What emerged was the concept of the Tree of Life, a cornerstone in evolutionary theory that, as well as classifying organisms, has the potential to make sense of all biology« (Graves 2003, S.1621).
197) Pennisi 2003, S.1693; Baldauf 2003, S.1705
198) S.o. S.35f.
199) Menninghaus 2003, S.69
200) Voss 2003, Augenflecken, mit einer Rekonstruktion der Kontroverse um die Augenfedern und Darwins zeichnende Erfassung seiner Theorie.
201) Darwin 2003, S.427ff.
202) Levine 2003, S.44f.
203) Gadagkar 2003 bietet neben einer Neubegründung von Darwins Frage auch eine konzise Forschungsgschichte. In diesem Sinn für die Ökonomie: Bowles und Hammerstein 2003. Bisweilen hat man, so etwa bei Thornhills Bestimmung des Forschungsstandes, den Eindruck, durch eine freudlose Halle zu wandeln, in der selbst »pleasure« auf die Frage des »use« heruntergebrochen wird (Thornhill 2003, S.13). Umso beeindruckender ist der Umstand, daß mit Richard Dawkins gleichsam die darwinistische Festung diese Versuche zurückgewiesen hat. In Zahavis »handicap principle« erkennt er den vielleicht brillantesten Versuch, noch in den aufwendigsten und bizarrsten Formen der Natur einen »ehrlichen« Ausdruck der »fitness« zu erkennen und damit auch die Ästhetik der »sexual selection« an die Prinzipien der »natürlichen Auslese« zu binden. Darwin, so Dawkins, hätte hiergegen nicht opponiert, wohl aber darauf beharrt, auch die »pure ästhetische Laune als eine selektive Macht in der Natur« anzuerkennen (»to countenance pure aesthetic whim as a selective force in nature« [Dawkins 2003, S.XIII]).
204) Literaturwissenschaft: Levine 2003; Ästhetik: Menninghaus 2003, S.67–157 (grundlegend für die gesamte Problematik); Kunstgeschichte: Voss 2003, Augenflecken.
205) »Tree not good simile – endless piece of seaweed dividing« (Gruber 1988, S.127, leider nur mit dem Nachweis: »Darwin Mss, Cambridge University Library«. Es war mir nicht möglich, das Zitat dort zu verifizieren. Gruber ist ein so überragender Forscher, daß er den Kredit verdient, ihm zu glauben.
206) »Again there is beauty in rhythm and symmetry, of forms – the beauty of some as Norfolk

lsd fir shows this, or sea weed« (Darwin 1987, M 38, S.528).
207) Deleuze und Guattari 1997, S.14ff., 21–23
208) Himmelfarb 1959, S.340–356. Zur Geschichte des Darwinismus und seiner Nutzung von der Kriminalanthropologie bis zur Literatur: Darwin und Darwinismus 1994.
209) »(...) to the beauty and infinite complexity of the coadaptations between all organic beings« (Darwin 2001, S.169). »There is grandeur in this view of life, (...) endless forms most beautiful and most wonderful« (Darwin 2001, S.490).
210) Zur Schönheits-Konzeption der romantischen Naturphilosophie zuletzt Kleeberg 2005, S.38–57; zur europäischen Tradition der Künstlerin Natura: Modersohn 1997. Grundlegend zur Einbettung Darwins in die Tradition: Ospovat 1981 (vgl. Anm.2)

LITERATURVERZEICHNIS

Agassiz, Louis und Augustus Addison Gould (1851), Outlines of comparative physiology, touching the structure and development of the races of animals, living and extinct. For the use of schools and colleges, London

Alberti, Leon Battista (2000), Das Standbild. Die Malkunst. Grundlagen der Malerei (Hg. u. Übers.: Oskar Bätschmann u. a.), Darmstadt

Aquin, Thomas (1498), Opuscula (Hg.: Ottaviano Scoto), Venedig

Ascione, Gina Carla (1991), Storia del corallo a Napoli dal XVI al XIX secolo, Neapel

Baldauf, S.L. (2003), The Deep Roots of Eukaryotes, in: Science, Bd.300, Nr.5626, 13.Juni, S.1703–1706

Baldinucci, Filippo (1681), Notizie de' Professori del Disegno da Cimabue in qua (...), Florenz

Barlow, Nora (1958), The Autobiography of Charles Darwin 1809–1882, with Original Omissions Restored, London

Barry, Martin (1836–1837), On the Unity of Structure in the Animal Kingdom, in: Edinburgh New Philosophical Journal, Bd.22, S.116–141, 354–364

Barsanti, Giulio (1992), La Scala, la Mappa, l'Albero. Immagini e classificazioni della natura fra Sei e Ottocento, Florenz

Barta, Isebill (2001), Familienportraits der Habsburger. Dynastische Repräsentation im Zeitalter der Aufklärung, Wien, Köln und Weimar

Beer, Gillian (1983), Darwin's Plots. Evolutionary Narrative in Darwin, George Eliot and Nineteenth-Century Fiction, London

Beer, Gillian (1993), Four bodies on the *Beagle*: touch, sight and writing in a Darwin letter, in: Textuality and sexuality. Reading theories and practices (Hg.: Judith Still und Michael Worton), Manchester, S.116–132

Berns, Jörg Jochen (2000), Baumsprache und Sprachbaum. Baumikonographie als topologischer Komplex zwischen 13. und 17.Jahrhundert, in: Genealogie als Denkform in Mittelalter und Früher Neuzeit (Hg.: Kilian Heck und Bernhard Jahn), Tübingen, S.155–246

Bilder-Konversations-Lexikon für das deutsche Volk (1838), 4 Bde., Leipzig: F.A.Brockhaus

Bindman, David (1997), Hogarth and his Times, Ausstellungskatalog, London

Bogen, Steffen und Felix Thürlemann (2003), Jenseits der Opposition von Text und Bild. Überlegungen zu einer Theorie des Diagramms und des Diagrammatischen, in: Die Bildwelt der Diagramme Joachims von Fiore. Zur Medialität religiös-politischer Programme im Mittelalter (Hg.: Alexander Patschovsky), Ostfildern, S.1–22

Bonhoff, Ulrike Maria (1993), Das Diagramm. Kunsthistorische Betrachtung über seine vielfältige Anwendung von der Antike bis zur Neuzeit, Phil. Diss., Westfälische Wilhelms-Universität, Münster

Bonnet, Charles de (1764), Contemplation de la Nature, Amsterdam, 2 Bde.

Bonnet, Charles de (1779), Idée d'une échelles des êtres naturelles, in: ders., Oeuvres d'Histoire Naturelle et de Philosophie, Bd.I, Neuchatel

Bowles, Samuel und Peter Hammerstein (2003), Does Market Theory Apply to Biology?, in: Genetic and cultural evolution of cooperation, Berlin, S.153–165

Bredekamp, Horst (1993), Antikensehnsucht und Maschinenglauben. Die Geschichte der Kunstkammer und die Zukunft der Kunstgeschichte, Berlin

Bredekamp, Horst (1999), Thomas Hobbes Visuelle Strategien. Der Leviathan: Das Urbild des modernen Staates. Werkillustrationen und Portraits, Berlin [veränderte Zweitauflage: 2003]

Bredekamp, Horst (2000), Antikensehnsucht und Maschinenglauben. Die Geschichte der Kunstkammer und die Zukunft der Kunstgeschichte, Berlin [überarb. Neuausg. v. Bredekamp (1993)]

Bredekamp, Horst (2003), Baum und Überbaum. Zur Semantik eines Bildes der Evolution des Lebens, in: Frankfurter Allgemeine Zeitung, Nr. 150, 2. Juli, S. N3

Bredekamp, Horst (2004), Darwins Evolutionsdiagramm oder: Brauchen Bilder Gedanken?, in: Grenzen und Grenzüberschreitungen. XIX. Deutscher Kongress für Philosophie. Bonn, 23.–27. September 2002. Vorträge und Kolloquien (Hg.: Wolfram Hogrebe in Verbindung mit Joachim Bromand), Berlin, S. 863–877

Bredekamp, Horst (2004), Die Fenster der Monade. Gottfried Wilhelm Leibniz' Theater der Natur und Kunst, Berlin

Bredekamp, Horst (2004), »Die wilde Üppigkeit der Natur«. Stricklands Karten und Darwins Kreise der Arten, in: [Auslassungen]. Leerstellen als Movens der Kulturwissenschaft (Hg.: Natascha Adamowsky und Peter Matussek), Würzburg, S. 341–353

Bredekamp, Horst (2004), Drehmomente – Merkmale und Ansprüche des *iconic turn*, in: ICONIC TURN. Die neue Macht der Bilder (Hg.: Christa Maar und Hubert Burda), Köln, S. 15–26

Bredekamp, Horst (2005), Darwins Korallen, in: Dingwelten. Das Museum als Erkenntnisort (Hg.: Anke te Heesen und Petra Lutz), Dresden, S. 77–87

Bredekamp, Horst (2005), Denkende Hände. Überlegungen zur Bildkunst der Naturwissenschaften, in: Von der Wahrnehmung zur Erkenntnis. From Perception to Understanding. Symposium der Schering Forschungsgesellschaft zu Ehren von Professor Dr. Dr. h. c. Günter Stock, Februar 2004 (Hg.: M. Lessl und J. Mittelstraß), Heidelberg, S. 109–132

Bredekamp, Horst (2005), Die zeichnende Denkkraft, in: Interventionen, Zürich [im Druck]

Breidbach, Olaf (1999), Einleitung, in: C. E. Baer, Über Entwickelungsgeschichte der Thiere. Beobachtung und Reflexion, Hildesheim und Zürich, S. V–XXIII [1829]

Breidbach, Olaf (2002), The former synthesis. Some remarks on the typological background of Haeckel's ideas about evolution, in: Theory Bioscience, Bd. 121, S. 280–296

Bronn, Heinrich Georg (1858), Untersuchungen über die Entwicklungs-Gesetze der organischen Welt während der Bildungs-Zeit unserer Erd-Oberfläche, Stuttgart

Brooks, John Langdon (1984), Just before the Origin: Alfred Russel Wallace's Theory of Evolution, New York

Browne, Janet (1995), Charles Darwin. Voyaging, London

Browne, Janet (2002), Charles Darwin. The Power of Place, New York

Bucci, Mario (1965), Lo studiolo di Francesco I, Florenz

Canguilhem, Georges (1994), Études d'Histoire et de Philosophie des Sciences, Paris

Cole, Michael (1999), Cellini's Blood, in: The Art Bulletin, Bd. LXXXI, Nr. 2, S. 215–235

Coralli talismani sacri e profani (1986), Ausstellungskatalog, Trapani – Museo regionale Pepoli, Palermo

Covarrubias, Miguel (1933), The Tree of Modern Art Planted 60 Years ago, in: Vanity Fair, 5, S. 36

Cronin, Helena (1991), The Ant and the Peacock, Cambridge/Mass.

Daneu, Antonio (1964), L'Arte Trapanese del Corallo, Palermo

Darwin und Darwinismus (1994). Eine Ausstellung zur Kultur- und Naturgeschichte, Ausstellungskatalog (Hg.: Bodo-Michael Baumunk und Jürgen Rieß), Berlin

Darwin, Charles (1842), The Structure and Distribution of Coral Reefs. Being the First Part of the Geology of the Voyage of the Beagle, London

Darwin, Charles (1859), On the Origin of Species by Means of Natural Selection, or the Preservation of Favoured Races in the Struggle for Life, London

Darwin, Charles (1876), Über den Bau und die Verbreitung der Corallen-Riffe (Übers.: J. Victor Carus), Stuttgart

Darwin, Charles (1962), Reise eines Naturforschers um die Welt (Hg.: Georg A. Narciss; Übers.: Victor Carus), Stuttgart

Darwin, Charles (1981), The Descent of Man, and Selection in Relation to Sex (Einleitung: John Tyler Bonner und Robert M. May), Princeton/New Jersey

Darwin, Charles (1985ff.), The Correspondence (Hg.: Frederick Burkhardt und Sydney Smith), Bde. 1ff., Cambridge

Darwin, Charles (1986), The Structure and Distribution of Coral Reefs, in: The Works of Charles Darwin (Hg.: Paul H. Barrett und R. B. Freeman), Bd. 7, London

Darwin, Charles (1987), Charles Darwin's Notebooks, 1836–1844. Geology, Transmutation of Species, Metaphysical Enquiries, Transcribed and Edited by Paul H. Barrett, Peter J. Gautrey u. a., British Museum (Natural History)

Darwin, Charles (1988), Beagle Diary (Hg.: Richard Darwin Keynes), Cambridge

Darwin, Charles (1989), Voyage of the Beagle (Hg.: Janet Browne u. Michael Neve), London

Darwin, Charles (1999), The Expression of the Emotions in Man and Animals (Hg.: Paul Ekman), London

Darwin, Charles (2000), The Autobiography of Charles Darwin and Selected Letters (Hg.: Francis Darwin), New York [1893]
Darwin, Charles (2001), On the Origin of Species. A Facsimile of the First Edition (Einltg: Ernst Mayr), Cambridge/Mass. und London [1964]
Darwin, Charles (2002), Die Abstammung des Menschen (Übers.: Heinrich Schmidt, Einführung: Christian Vogel), Stuttgart
Darwin, Charles (2002) Über die Entstehung der Arten durch natürliche Zuchtwahl oder die Erhaltung der begünstigten Rassen im Kampf ums Dasein. Nach der letzten engl. Auflage wiederholt durchgesehen von J. Victor Carus, Köln
Darwin, Charles (2003), The Descent of Man and Selection in Relation to Sex (Einl.: Richard Dawkins), London [reprint der 2. Auflage von 1871]
Darwin, Francis (1887), The life and letters of Charles Darwin, London, 3 Bde.
Daston, Lorraine (2004), Speechless. Introduction, in: Things that Talk. Object Lessons from Art and Science (Hg.: Lorraine Daston), New York, S.9–24
Dawkins, Richard (1991), The Blind Watchmaker, London
Dawkins, Richard (2003), Introduction, in: Charles Darwin, The Descent of Man and Selection in Relation to Sex (Einl.: Richard Dawkins), London, S.XI–XXIX
De arbore. Botanica, scienza, alimentazione, architettura, teatro, storia, legislazione, filosofia, simbologia, araldica, religione, letteratura, tecnologia degli alberi dalle opere manoscritte e a stampa della Biblioteca Casanatense (Hg.: Angela Adriana Cavarra), Rom 1991
Decaisne, Joseph (1842), Mémoire *sur les Corallines ou Polypiers calcifères*, in: Annales des Sciences Naturelles. Partie Botanique, Ser. 2, Bd.18, S.96–128
Deleuze, Gilles und Félix Guattari (1977), Rhizom, Berlin
Deleuze, Gilles und Félix Guattari (1997), Kapitalismus und Schizophrenie, Berlin
Demandt, Alexander (2002), Über allen Wipfeln. Der Baum in der Kulturgeschichte, Köln, Weimar und Wien
Dennett, Daniel C. (1995), Darwin's Dangerous Idea. Evolution and the Meanings of Life, London
Desmond, Adrian und James Moore (1992), Darwin, München
Desmond, Ray (1999), Sir Joseph Dalton Hooker. Traveller and Plant Collector, Woodbridge/ Suffolk
Dezzi Bardeschi, Marco (1980), Lo Stanzino del Principe in Palazzo Vecchio. I concetti, le immagini, il desiderio, Ausstellungskatalog, Florenz
Di Gregorio, Mario A. (1983), In search of the natural system: problems of zoological classification in Victorian Britain, in: History and Philosophy of the Life Sciences, Bd.4, S.225–254
Di Gregorio, Mario A. (1987), Hugh Edwin Strickland (1811–53) on Affinities and Analogies: or, the Case of the Missing Key, in: Ideas and Production, Bd.34, S.35–50
Di Gregorio, Mario A. und N.W. Gill (1990), Charles Darwin's Marginalia, Bd.1, New York und London
Donati, Vitaliano (1750), Della storia naturale marina dell'Adriatico, Venedig
Duchesne, Antoine-Nicolas (1766), Histoire Naturelle de Fraisiers, contenant les vues d'Économie réunies à la Botanique; & suive de Remarques Particulières sur plusieurs points qui ont rapport à l'Histoire naturelle générale, Paris
Ducker, Sophie C. (1988), The Contented Botanist. Letters of W.H. Harvey about Australia and the Pacific, Melbourne

Einfach komplex (2005). Bildbäume und Baumbilder in der Wissenschaft, Ausstellungskatalog (Hg.: Barbara Bader, Andreas Janser, Marius Kwint), Museum für Gestaltung, Zürich
Evolutionary Aesthetics (2003) (Hg.: Eckart Voland und Karl Grammer), Berlin und Heidelberg

Feinberg, Larry J. (2002), The Studiolo of Francesco I Reconsidered, in: The Medici, Michelangelo, & the Art of Late Renaissance Florence, Ausstellungskatalog, New Haven und London, S.47–65
Foucault, Michel (1971), Die Ordnung der Dinge. Eine Archäologie der Humanwissenschaften, Frankfurt am Main
Frontisi-Ducroux, Françoise (1996), Andromède et la naissance du corail, in: Mythes grecs au figuré de l'antiquité au baroque (Hg.: S. Georgoudi und J.P. Vernant), Paris, S.135–165

Gadagkar, Raghavendra (2003), Is the peacock merely beautiful or also honest?, in: Current Science, Bd.85, Nr.7, S.1012–1020
Gardiner, B.G. (2001), William Swainson, in: The Linnean. Newsletter and Proceedings of the Linnean Society of London, Bd.17, Nr.1, S.5–14
Gerlach, Peter (1989): Zur zeichnerischen Simulation von Natur und natürlicher Lebendigkeit, in: Zeitschrift für Ästhetik und Allgemeine Kunstwissenschaft, Bd.34/2, S.243–279
Ginzburg, Carlo (1983), Spurensicherungen. Über verborgene Geschichte, Kunst und soziales Gedächtnis (Übers.: Karl Friedrich Hauber), Berlin, S.61–96

Goetz, Oswald (1965), Der Feigenbaum in der religiösen Kunst des Abendlandes, Berlin
Goldberg, Edward L. (1988), After Vasari. History, Art, and Patronage in Late Medici Florence, Princeton
Golden, Lauren (2001), Science, Darwin and Art History, in: Raising the Eyebrow: John Onians and World Art Studies. An Album Amicorum in His Honour (Hg.: Lauren Golden), Oxford, S.79–90
Gould, Stephen Jay (1993), A Tale of three pictures, in: ders., Eight little Piggies. Reflections in Natural History, London, S.427–438
Gould, Stephen Jay (1996), Einschränkungen der Evolutionstheorie durch kanonische Bilder, in: Robert B. Silvers (Hg.), Verborgene Geschichten der Wissenschaft, Berlin, S.43–72
Gould, Stephen Jay (2000), Wonderful Life. The Burgess Shale and the Nature of History, London
Graves, Jennifer A. Marshall (2003), The Tree of Life: View from a Twig, in: Science, Bd. 300, Nr.5626, 13. Juni, S.1621
Gruber, Howard E. (1974), Darwin on Man. A Psychological Study of Scientific Creativity, London
Gruber, Howard E. (1977), The Fortunes of a Basic Darwinian Idea: Chance, in: The Roots of American Psychology: Historical Influences and Implications for the Future (Hg.: R.W. Rieber, Kurt Salzinger und Thom Verhave) = Annals of the New York Academy of Sciences, Bd.291, S.233–245
Gruber, Howard E. (1988), Darwin's »tree of nature« and other images of wide scope, in: Judith Wechsler, (Hg.), On Aesthetics in Science, Boston und Basel, S.121–140
Gunther, Albert E. (1975), A Century of Zoology at the British Museum. Through the Lives of Two Keepers 1815–1914, Bristol

Haeckel, Ernst (1866), Generelle Morphologie der Organismen. Allgemeine Grundzüge der organischen Formen-Wissenschaft, Berlin, 2 Bde.
Harter, Ursula (2002), Die Geburt aus dem Meer. Odilon Redon und Jules Michelet, in: Re-Visionen. Zur Aktualität von Kunstgeschichte (Hg.: Barbara Hüttel, Richard Hüttel und Jeanette Kohl), Berlin, S.177–194
Harter, Ursula (2002), Le Paradis artificiel. Aquarien, Leuchtkästen und andere Welten hinter Glas, in: Vorträge aus dem Warburg-Haus, Bd. 6, Berlin, S.77–124
Harter, Ursula (2004), Submarine Live-Show, in: Frankfurter Allgemeine Zeitung, 14.7.2004, Nr. 161, S. N3
Harvey, Wiliam Henry (1847), Nereis australis, London
Harvey, Wiliam Henry (1857), The Sea-Side Book: Being an Introduction to the Natural History of the British Coasts, London
Hebenstreit, Johann Ernst (1743), Museum Richterianum, continens Fossilia Animalia Vegetabilia (...), Leipzig
Heck, Kilian (2000), Ahnentafel und Stammbaum. Zwei genealogische Modelle und ihre mnemotechnische Aufrüstung bei frühneuzeitlichen Dynastien, in: Seelenmaschinen. Gattungstraditionen, Funktionen und Leistungsgrenzen der Mnemotechniken vom späten Mittelalter bis zum Beginn der Moderne (Hg.: Jörg Jochen Berns und Wolfgang Neuber), Wien, Köln und Weimar, S. 563–584
Hemleben, Johannes (1979), Charles Darwin in Selbstzeugnissen und Bilddokumenten, Reinbek bei Hamburg
Himmelfarb, Gertrud (1959), Darwin and the Darwinian Revolution, London
Humboldt, Alexander von und Aimé Bonpland (1818–1829), Personal Narrative of Travels to the Equinoctial Regions of the New Continent during the Years 1799–1804 (Übers.: Helen Maria Williams), Bde. I–VII, London [reprint Hildesheim 1972]
Hyman, Stanley Edgar (1974), The Tangled Bank. Darwin, Marx, Frazer and Freud as Imaginative Writers, New York

Illies, Joachim (1983), Der Jahrhundert-Irrtum. Würdigung und Kritik des Darwinismus, Frankfurt am Main
Illies, Joachim (1983), Im Wunderwald der Stammbäume. Dendrologie einer Illusion, in: Alfred Locher (Hg.), Evolution – kritisch gesehen, Salzburg und München 1983, S.97–123
Irvine, Linda M. und Yvonne M. Chamberlain (1994), Seaweeds of the British Isles, Bd.1, Rhodophyta, Teil 2B, Corallines, Hildenbrandiales, London

Jann, Rosemary (1994), Darwin and the Anthropologists: Sexual Selection and its Discontents, in: Victorian Studies, Bd.37, S. 286– 306
Jardine, William (1959), Memoirs of Hugh Edwin Strickland, London
Jones, Steve (1999), Wie der Wal zur Flosse kam. Ein neuer Blick auf den Ursprung der Arten, Hamburg
Junker, Thomas (1990), Heinrich Georg Bronn und die *Entstehung der Arten*, in: Sudhoffs Archiv. Zeitschrift für Wissenschaftsgeschichte, Bd.74, S.180–208

Junker, Thomas und Uwe Hoßfeld (2001), Die Entdeckung der Evolution. Eine revolutionäre Idee und ihre Geschichte, Darmstadt

Kemp, Martin (2003), Bilderwissen. Die Anschaulichkeit naturwissenschaftlicher Phänomene (Übers. u. Erg.: Jürgen Blasius), Köln

Klapisch-Zuber, Christiane (1991), The Genesis of the Family Tree, in: I Tatti Studies. Essays in the Renaissance, Bd. 4, S. 105–129

Klapisch-Zuber, Christiane (2004), Stammbäume. Eiine illustrierte Geschichte der Ahnenkunde, München

Kleeberg, Bernhard (2005), Theophysis. Ernst Haeckels Philosophie des Naturganzen, Köln, Weimar und Berlin

Kohn, Marek (2004), A Reason for Everything. Natural Selection and the English Imagination, London

Lacambre, Geneviève (1999), Gustave Moreau, 1826–1898. Between Epic and Dream, Chicago

Lamarck, Jean-Baptiste (1809), Philosophie Zoologique ou Exposition Des Considérations relatives à l'histoire naturelle des animaux [...], Paris, 2 Bde.

Lamarck, Jean-Baptiste (1815), Histoire naturelle des animaux sans vertèbres, présentant les caractères généraux et particuliers des ces animaux, leur distribution, Bd. 1, Paris

Lamarck, Jean-Baptiste (1991), Articles d'histoire naturelle (Hg.: Jacques Roger und Goulven Laurent), Paris

Lamarck, Jean-Baptiste (1994), Philosophie Zoologique ou Exposition des considérations relatives à l'histoire naturelle des animaux [...], Paris

Latour, Bruno (2001), Das Parlament der Dinge. Für eine politische Ökologie, Frankfurt am Main

Leask, Nigel (2003), Darwin's ›Second Sun‹: Alexander von Humboldt and the Genesis of *The Voyage of the Beagle*, in: Literature, Science, Psychoanalysis, 1830–1970. Essays in Honour of Gillian Beer (Hg.: Helen Small und Trudi Tate), Oxford, S. 13–36

Lepenies, Wolf (1978), Das Ende der Naturgeschichte. Wandel kultureller Selbstverständlichkeiten in den Wissenschaften des 18. und 19. Jahrhunderts, Frankfurt am Main

Levine, George (2003), ›And If It Be a Pretty Woman All the Better‹ – Darwin and Sexual Selection, in: Literature, Science, Psychoanalysis, 1830– 1970. Essays in Honour of Gillian Beer (Hg.: Helen Small und Trudi Tate), Oxford, S. 37–51

Lovejoy, Arthur O. (1985), Die große Kette der Wesen. Geschichte eines Gedankens, Frankfurt am Main

Macleay, William Sharp (1819–21), Horae Entomologicae; or, Essays on the annulose Animals, Bd. 1, Teile 1 und 2, London

Marshall Graves, Jennifer A. (2003), The Tree of Life: View from a Twig, in: Science, Bd. 300, Nr. 5626, 13. Juni, S. 1621

Mayr, Ernst (1982), The Growth of Biological Thought, Cambridge/Mass.

McOuat, Gordon R. (1996), Species, Rules and Meaning: The Politics of Language and the Ends of Definitions in 19th Century Natural History, in: Studies in History and Philosophy of Science, Bd. 27, Nr. 1, S. 473–519

Menninghaus, Winfried (2003), Das Versprechen der Schönheit, Frankfurt am Main

Métraux, Alexandre (2001), Von der Körperanatomie zur Textarchitektur. Über die Verteilung der Lebewesen in der Biologie um 1800, Manuskript, Max-Planck-Institut für Wissenschaftsgeschichte, Berlin

Michelet, Jules (1861), La Mer, Paris

Michelet, Jules (1983), La Mer (Hg.: Jean Borie), Paris

Michelet, Jules (1987), Das Meer (Hg. u. Übers.: Rolf Wintermeyer), Frankfurt am Main und New York

Modersohn, Mechthild (1997), Natura als Göttin im Mittelalter. Ikonographische Studien zu Darstellungen der personifizierten Natur, Berlin

Ospovat, Dov (1981), The Development of Darwin's Theory: Natural History, Natural Theology, and Natural Selection, 1838–1859, Cambridge

Ovidius Naso, Publius (1958), Metamorphoseon/ Metamorphosen (Hg. u. Übers.: Hermann Breitenbach), Zürich

Pallas, Peter Simon (1766), Elenchus Zoophytorum sistens generum adumbrationes generaliores et specierum cognitarum succinctas descriptiones cum selectis auctorum synonymis, Francofurti ad Moenum

Pallas, Peter Simon (1787), Charakteristik der Thierpflanzen, worin von den Gattungen derselben allgemeine Entwürfe, und von denen dazugehörigen Arten kurze Beschreibungen gegeben werden; nebst den vornehmsten Synonymen der Schriftsteller. Aus dem Lateinischen übersetzt und mit Anmerkungen versehen von Christian Friedrich Wilkens, Bd. 1, Nürnberg

Panofsky, Erwin (1979), Ikonographie und Ikonologie [1939], in: Ikonographie und Ikonologie. Theorien – Entwicklung – Probleme (Hg.: Ekkehard Kaemmerling), Köln, S. 207–225

Panofsky, Erwin (1979), Zum Problem der Beschreibung und Inhaltsdeutung von Werken

der bildenden Kunst [1932], in: Ikonographie und Ikonologie. Theorien – Entwicklung – Probleme (Hg.: Ekkehard Kaemmerling), Köln, S.185–206
Paulys Real-Encyclopädie der Classischen Altertumswissenschaft (1922), Neue Bearbeitung (Hg.: Wilhelm Kroll), Bd.22, Stuttgart
Pennisi, Elisabeth (2003), Modernizing the Tree of Life, in: Science, Bd.300, Nr.5626, 13. Juni, S.1692–1697
Petrarca, Franceso (1984), Von der Artzeney bayder Glück / des guten vnd widerwertigen. Vnnd weß sich ain yeder inn Gelück vnd vnglück halten sol. Auß dem Lateinischen in das Teütsch gezogen. Mit künstlichen fyguren durchauß / gantz lustig vnd schön gezyret ... Gedruckt zu Augspurg durch Heynrich Steyner. M.D.XXXII. (Hg.: Manfred Lemmer), Leipzig und Hamburg
Philippi, Rudolf (1837), Beweis, daß die Nulliporen Pflanzen sind, in: Archiv für Naturgeschichte, Jg.3, Bd.1, Berlin, S.387–393
Plinius Secundus d.Ä., C. (1973–1994), Naturalis historia libri I–XXXVII (Hg. u. Übers.: Roderich König in Zsabt. m. Joachim Hopp), München
Popper, Karl R. (1984[4]), Objektive Erkenntnis. Ein evolutionärer Entwurf, Hamburg
Pörksen, Uwe (1998), Blickprägung und Tatsache. Veranschaulichungsstufen der Naturwissenschaften – von der hypothetischen Skizze bis zum öffentlichen Idol, in: Darstellungsformen der Wissenschaften im Kontrast. Aspekte der Methodik, Theorie und Empirie (Hg.: Lutz Danneberg und Jörg Niederhauser), Tübingen, S.321–347
Porter, Duncan M. (1987), Darwin's Notes on Beagle plants, in: Bulletin of the British Museum (Natural History), Bd.14, Nr.2, S.145–233
Prodger, Philipp (1998), Illustration as Strategy in Charles Darwin's The Expression of the Emotions of Man and Animals, in: Timothy Lenoir (Hg.), Inscribing Science. Scientific Texts and the Materiality of Communication, Stanford/Cal., S.140–181

Rehbock, Philip F. (1980), The Victorian Aquarium in Ecological and Social Perspective, in: Oceanography: The Past (Hg.: M. Sears und D. Merriman), New York, Heidelberg und Berlin, S.522–538
Rieppel, Olivier (1983), Kladismus oder die Legende vom Stammbaum, Basel, Boston und Stuttgart
Ritvo, Harriet (2003), Ordering Creation, or Maybe Not, in: Literature, Science, Psychoanalysis, 1830–1970. Essays in Honour of Gillian Beer (Hg.: Helen Small und Trudi Tate), Oxford, S.52–63
Rüling, Johann Philipp (1766), Commentario botanica de Ordinibus naturalibus Plantarum, Göttingen

Schadt, Hermann (1982), Die Darstellungen der Arbores Consanguinitatis und der Arbores Affinitatis. Bildschemata in juristischen Handschriften, Tübingen
Schmidt, H. (1960), Darwins Erbe und die Paläontologie, in: Hundert Jahre Evolutionsforschung. Das wissenschaftliche Vermächtnis Charles Darwins (Hg.: G. Heberer u. F. Schwanitz), Stuttgart, S.234–276
Schmidt, Margarethe (2000), Warum ein Apfel, Eva? Die Bildsprache von Baum, Frucht und Blume, Regensburg
Schmidt, Peter (1989), Aby M. Warburg und die Ikonologie, Bamberg
Schmidt Burkhardt, Astrit (2000), Shaping modernism: Alfred Barr's genealogy of art, in: Word & Image, Bd.16, Nr.4, S.387–400
Schmidt-Burkhardt, Astrit (2005), Stammbäume der Kunst. Zur Genealogie der Avantgarde, Berlin
Schouppé, Alexander von (1991), Episodes of coral research history up to the 18th century, in: Proceedings of the VI. International Symposium on Fossil Cnidaria and Porifera held in Münster, Germany 9.–14. September 1991 (Hg.: Petra Oekentorp-Küster). Courier Forschungsinstitut Senckenberg, Bd.164, S.1–16
Science (2003), Bd.300, Nr.5626, 13. Juni
Shermer, Michael (2002), in Darwin's Shadow. The Life and Science of Alfred Russel Wallace. A Biographical Study on the Psychology of History, New York
Siegel, Steffen (2004), Wissen, das auf Bäumen wächst. Das Baumdiagramm als epistemologisches Dingsymbol im 16. Jahrhundert, in: Frühneuzeit-Info, Bd.15, S.42–55
Silva, P.C. (1957), Notes on Pacific marine algae, in: Madroño, Bd.14, S.41–51
Solinas, Francesco (2001), La Pêche du Corail de Pierre de Cortone retrouvée à Tsarskoïe Selo, in: Gazette des Beaux-Arts, Jg.143, Dezember, S.233–250
Sprengel, Peter (1998), Darwin in der Poesie. Spuren der Evolutionslehre in der deutschsprachigen Literatur des 19. und 20. Jahrhunderts, Würzburg
Sprengel, Peter (2004), Vom »Ursprung der Arten« zum »Liebesleben in der Natur«. Metaphysischer Darwinismus in der Literatur des frühen 20. Jahrhunderts, in: »Scientia poetica«. Literatur und Naturwissenschaft (Hg.: Norbert Elsner und Werner Frick), Göttingen, S.293–315

Stafford, Barbara (1976), Rude sublime, in: Gazette des Beaux-Arts, Bd.LXXXVII, S.113–126
Stauffer, R. C. (1975), Charles Darwin's Natural Selection being the second part of his big species book written from 1856 to 1858, Cambridge
Sternberger, Dolf (1974), Panorama oder Ansichten vom 19. Jahrhundert, Frankfurt am Main
Strickland, Hugh E. (1840), On the true Method of discovering the Natural System in Zoology and Botany, in: Annals and Magazine of Natural History, Bd.6, S.184–195
Swainson, William (1835), A Treatise of the Geography and Classification of Animals, London
Swainson, William (1836–1837), On the Natural History and Classification of Birds, London, 2 Bde.
Swainston, A. Y. (1985), William Sharp Macleay, 1792–1865, in: The Linnean. Newsletter and Preceedings of the Linnean Society of London, Bd.1, Nr.5, S.11–18
Syndram, Dirk (1999), Die Schatzkammer Augusts des Starken, Leipzig

Tabula Peutingeriana (1976). Codex Vindobonensis 324, (Hg.: Ekkehard Weber), Graz
Thornhill, Randy (2003), Darwinistic Aesthetics Informs Traditional Aesthetics, in: Evolutionary Aesthetics (Hg.: Eckart Voland und Karl Grammer), Berlin und Heidelberg, S.9–35
Treusch-Dieter, Gerburg (1994), Schreibarten der Entartung. Zum verschwundenen Bild des Menschen, in: Der Entzug der Bilder. Visuelle Realitäten (Hg.: Michael Wetzel und Herta Wolf), München, S.105–119

Unverweslicher Ceder-Baum zu ewigem Andencken (1662) [Herrn Georgen des Ander, Landgraffens zu Hessen], Darmstadt
Urbani, Paola (1991), L'Albero Filosofico, in: De arbore. Botanica, scienza, alimentazione, architettura, teatro, storia, legislazione, filosofia, simbologia, araldica, religione, letteratura, tecnologia degli alberi dalle opere manoscritte e a stampa della Biblioteca Casanatense (Hg.: Angela Adriana Cavarra), Rom 1991, S.329–332
Uschmann, Georg (1967), Zur Geschichte der Stammbaum-Darstellungen, in: Gesammelte Vorträge über moderne Probleme der Abstammungslehre (Hg.: Manfred Gersch), Bd.II, Jena, S.9–30

Voss, Julia (2003), Augenflecken und Argusaugen: Zur Bildlichkeit der Evolutionstheorie, in: Bildwelten des Wissens. Kunsthistorisches Jahrbuch für Bildkritik, Bd.1,2, S.75–85
Voss, Julia (2003), Darwins Diagramme – Bilder von der Entdeckung der Unordnung, Max-Planck-Institut für Wissenschaftsgeschichte, Berlin
Voss, Julia (2003), Depictions as surrogates for places: from Wallace's biogeography to Koch's dioramas, in: Philosophy & Geography, Bd.6, Nr.1, S.59–81
Voss, Julia (2005), One long Argument. Die Darwinismus-Debatte im Bild, Phil. Diss., Humboldt-Universität zu Berlin, im Druck

Wallace, Alfred Russel (1855), On the law which has regulated the Introduction of New Species, in: Annals and Magazine of Natural History. 2nd Series, Bd.16, S.184–196
Wallace, Alfred Russel (1856), Attempts at a Natural Arrangement of Birds, in: Annals and Magazine of Natural History, 2nd Series, Bd.18, S.193–216
Weigel, Siegrid (2003), Genealogie. Zu Ikonographie und Rhetorik einer epistemologischen Figur in der Geschichte von Kultur- und Naturwissenschaft, in: Bühnen des Wissens. Interferenzen zwischen Wissenschaft und Kunst (Hg.: Helmar Schramm u.a.), Berlin, S.226–267
Wendler, Reinhard (2003), Versuch einer Kunstgeschichte des Baumdiagramms, Magisterarbeit, Kunstgeschichtliches Seminar der Humboldt-Universität, Berlin
Werner, Fritz Clemens (1972), Wortelemente lateinisch-griechischer Fachausdrücke in den biologischen Wissenschaften, Frankfurt am Main
William Hogarth 1697–1764 (1986), (Hg.: Berthold Hinz und Hartmut Krug), Gießen
Wöhler, Hans Ulrich (1992), Texte zum Universalienstreit, Bd.1: Vom Ausgang der Antike bis zur Frühscholastik, Berlin

Yonge, C.M. (1958), Darwin and the Coral Reefs, in: A Century of Darwin (Hg.: S.A. Barnett), S.245–267

Zahavi, Amotz (1997), The handicap principle: A missing piece of Darwin's puzzle, New York und Oxford
Zahavi, Amotz und Avishag Zahavi (1997), The Handicap Principle: a missing piece of Darwin's puzzle, New York und Oxford
Zimmermann, W.F.A. [= Carl Gottfried Wilhelm Vollmer] (1880), Die Wunder der Urwelt, Berlin
Zimmermann, Walter (1953), Evolution. Die Geschichte ihrer Probleme und Erkenntnisse, Freiburg und München

REGISTER DER HISTORISCHEN PERSONEN

BILDNACHWEIS

Abb. 1: Natural History Museum; Abb. 2: Klapisch-Zuber 2005, S. 65, S. 17; Abb. 3: De Arbore 1991, S. 337; Abb. 4: Bonnet 1779, vor S. 1; Abb. 5: Lamarck, 1809, Bd. 2, S. 463; Abb. 6, 7, 8: Cambridge, University Library, Dar. Ms. 121, Fol. 26; Abb. 9: Berns 2000, Abb. 28, S. 230; Abb. 10: Berlin, Museum für Naturkunde, Cni 352; Abb. 11: Berlin, Museum für Naturkunde, Cni 5437; Abb. 12: Berlin, Museum für Naturkunde, Cni 4836; Abb. 13: London, The Natural History Museum, Darwin 1143; Abb. 14: Cambridge, University Library, Dar. Ms. 121, Fol. 36; Abb. 15: Voss 2003 (Darwins Diagramme), Fig. 15; Abb. 16: Ausschnitt aus Abb. 41; Abb. 17, 18: Cambridge, University Library, Dar. Ms. 205, 6, Fol. 51; Abb. 19: Macleay, Horae Entomologicae, 1819–21, S. 390; Abb. 20: McOuat 1996, Fig. 4, S. 502; Abb. 21, 23: Cambridge, University Library, Dar. Ms. 205–5, Fol. 183r, Charles Darwin Collections; Abb. 22: Agassiz und Gold 1851, Frontispiz; Abb. 24: Cambridge, University Library, Dar. Ms. 205-5, Fol. 184r; Abb. 25: Cambridge, University Library, Dar. Ms. 205–5, Fol. 184r; Abb. 26: Diagramm, Wallace 1856, S. 215; Abb. 27: Marginalie in: Wallace 1855, S. 186 (Ausschnitt); Abb. 28: Bronn 1858, S. 481; Abb. 29: Stauffer 1975, S. 481; Abb. 30, 31, 32, 33, 34: Cambridge, University Library, Dar. Ms. 10,2, zwischen Fol. 26r und 26s; Abb. 34, 35, 36: in: Darwin 1859, zu S. 116; Abb. 38: Frontispiz, in: Hebenstreit 1743; Abb. 39: Bucci 1965, Abb. 36; Abb. 40: Loggia dei Lanzi, Ausschnitt (Aufnahme: Autor); Abb. 41: Solinas 2001, Titelblatt; Abb. 42: Harter 2002, Le Paradis, Abb. 8; Abb. 43: Musée D'Orsay; Abb. 44: Harter 2002, Le Paradis, Abb. 11; Abb. 45, 46: Buchillustration, in: Darwin 1842, S. 1, S. 3; Abb. 47: Buchillustration, in: Haeckel 1866, II, Taf. I; Abb. 48: Schmidt-Burkhardt 2005, Abb. 20; Abb. 49: Buchillustration, in: Gould 2000, S. 46; Abb. 50: Science, Bd. 300, Nr. 5626, 13. Juni, S. 1621; Abb. 51: Darwin 1842, Taf. I, Fig. 2
Wir danken den jeweiligen Bibliotheken/Museen für die freundliche Genehmigung.

Vom selben Autor bei Wagenbach

ANTIKENSEHNSUCHT UND MASCHINENGLAUBEN
Die Geschichte der Kunstkammer und die Zukunft der Kunstgeschichte

In einem kulturhistorischen Rückblick auf Entstehung und Formen der »Kunstkammern« weist Horst Bredekamp in der scheinbar absurden Zusammenstellung von Mineralien, Exotika, Maschinen, Gemälden, Androiden und Skulpturen eine innere Logik nach: ein Konzept, die Entwicklung von der Natur über die »Antiken« bis zur Maschine und zum Kunstwerk nachzubilden.
»Ein Buch, dessen Fortsetzung man gern bestellen möchte!« Petra Kipphoff, DIE ZEIT
WAT 361. 160 Seiten mit vielen Abbildungen

SANKT PETER IN ROM UND DAS PRINZIP DER PRODUKTIVEN ZERSTÖRUNG
Über die Baugeschichte von Bramante bis Bernini

Die Gründe für den Abriß von Gebäuden sind älter als die Moderne – der berühmteste Abriß traf den zentralen Bau der Christenheit, St. Peter in Rom. Die erste umfassende Untersuchung dieses Abrisses als Neubau.
»Diese reich illustrierte Studie ist so spannend, daß man sie nicht mehr aus der Hand legen möchte.« KulturSpiegel
KKB. Gebunden. 160 Seiten mit über 50 Abbildungen

SANDRO BOTTICELLI, LA PRIMAVERA
Florenz als Garten der Venus

Das berühmteste Rätselbild der italienischen Renaissance, neu gesehen und entschlüsselt: *La Primavera* als Ikone einer Zeitenwende: Was als Venuskult auftritt, zeigt bereits die ersten Folgen der individuellen Freiheit, die Vereinzelung.
WAT 446. 124 Seiten mit sehr vielen Abbildungen und einer Farbtafel

FLORENTINER FUSSBALL: DIE RENAISSANCE DER SPIELE

Ein überaus originelles Buch zur Kultur der Renaissance und zur Wiege des Fußballs in seinem heimlichen Mutterland Italien. Horst Bredekamp zeigt, wie ausgerechnet der Fußball (calcio) im Florenz der Medici zu weit mehr diente als nur der Zerstreuung des Fürsten und der Ablenkung des Volkes.
WAT 397. 240 Seiten mit vielen Abbildungen

Horst Bredekamp, geboren 1947, seit 1993 Professor für Kunstgeschichte an der Humboldt-Universität und seit 2003 Permanent Fellow des Wissenschaftskollegs zu Berlin. Er war Fellow des Institute of Advanced Study in Princeton, des Wissenschaftskollegs in Berlin, des Getty Center in Los Angeles und des Collegiums Budapest, erhielt 2000 den Sigmund-Freud-Preis für wissenschaftliche Prosa und 2005 den Aby M. Warburg-Preis der Stadt Hamburg.

Wenn Sie mehr über den Verlag und seine Bücher wissen möchten, schreiben Sie uns eine Postkarte (mit Anschrift und ggf. e-mail). Wir verschicken immer im Herbst die *Zwiebel*, unseren Westentaschenalmanach mit Gesamtverzeichnis, Lesetexten aus unseren neuen Büchern und Photos. *Kostenlos!*

Verlag Klaus Wagenbach Emser Straße 40/41 10719 Berlin **www.wagenbach.de**